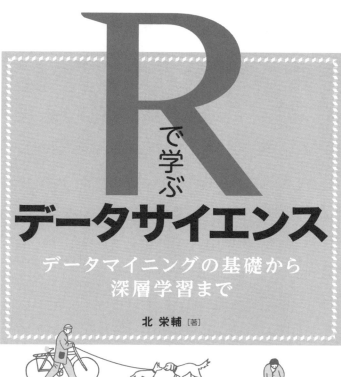

Rで学ぶ
データサイエンス

データマイニングの基礎から
深層学習まで

北 栄輔 [著]

本書に掲載されている会社名・製品名は，一般に各社の登録商標または商標です．

本書を発行するにあたって，内容に誤りのないようできる限りの注意を払いましたが，本書の内容を適用した結果生じたこと，また，適用できなかった結果について，著者，出版社とも一切の責任を負いませんのでご了承ください．

　本書は，「著作権法」によって，著作権等の権利が保護されている著作物です．本書の複製権・翻訳権・上映権・譲渡権・公衆送信権（送信可能化権を含む）は著作権者が保有しています．本書の全部または一部につき，無断で転載，複写複製，電子的装置への入力等をされると，著作権等の権利侵害となる場合があります．また，代行業者等の第三者によるスキャンやデジタル化は，たとえ個人や家庭内での利用であっても著作権法上認められておりませんので，ご注意ください．

　本書の無断複写は，著作権法上の制限事項を除き，禁じられています．本書の複写複製を希望される場合は，そのつど事前に下記へ連絡して許諾を得てください．

出版者著作権管理機構
（電話 03-5244-5088，FAX 03-5244-5089，e-mail：info@jcopy.or.jp）

JCOPY ＜出版者著作権管理機構 委託出版物＞

はじめに

ビッグデータ，人工知能（AI），Internet of Things（IoT）など，情報に関連する様々な用語が飛び交っている．データアナリティクス，データサイエンスなど情報学の考え方，方法論をビジネスに用いることは今後ますます重要となってくると想像される．情報学のアプローチを社会やビジネスの場における問題解決や価値創造に応用するための第一歩は，得られたデータを加工して必要な情報を引き出すことである．そのための手法を総称してデータマイニングと呼ぶ．データマイニングとは，玉石混淆なたくさんのデータから必要な情報を読み出す作業である．

データマイニングに用いる手法として理解しておくべきなのは，多変量解析手法である回帰分析，主成分分析，判別分析，クラスタリングがある．これらに加えて，近年注目を集めている機械学習手法であるニューラルネットワーク，サポートベクターマシン（SVM），ベイズ推定などがある．ニューラルネットワークの分野では，最近注目を集めている深層学習についてもある程度理解しておく必要がある．

しかし，文系学生や理系でも情報系とは異なる分野の学生にとって，線形代数や微分積分，関数論の知識を身に付けた上で，複雑なプログラミング言語を用いて多変量解析や機械学習の手法を実現することは比較的ハードルが高く，習得するまでに時間がかかる．本書の目的は，基本的なデータマイニング手法の基礎理論の概要を学習し，Rを用いて実習することである．Rはプログラミング言語ではあるが，データマイニングに適した言語として文系理系を問わず広く利用されている．

本書は大きく二部構成をとり，次のようになっている．第I部では多変量解析を扱う．第1章において，データマイニングと多変量解析について概略を説明した後，第2章から第5章にかけて，回帰分析，主成分分析，判別分析，クラスタリングについて学ぶ．第II部では機械学習を扱う．第6章において，機械学習について概略を説明した後，第7章から第12章にかけて，ニューラルネットワーク，サポートベクターマシン，ベイズ推定，自己組織化マップ，

決定木，深層学習（深層ニューラルネットワーク）について学ぶ．

　本書を執筆するにあたり，土日祝日も十分な家族サービスをできないにも関わらず，優しくサポートしてくださった家族にお礼を申し上げます．また，オーム社の皆様には大変お世話になりました．途中挫折しかかりながらも本書が執筆できたのは，彼らのサポートのおかげです．心よりお礼を申し上げます．

2018 年 7 月

北　　栄　輔

目次

まえがき iii

第 I 部　多変量解析　　　　　　　　　　　　　　　　　　　　　　1

第 1 章　データマイニング 3
　1.1　データマイニングとは 4
　1.2　多変量解析の考え方 4
　1.3　第 I 部の読み方 5

第 2 章　回帰分析 7
　2.1　回帰分析とは 8
　2.2　あてはめ精度の評価方法 9
　2.3　例題 11
　2.4　問題 23

第 3 章　主成分分析 25
　3.1　主成分分析とは 26
　3.2　例題 29
　3.3　問題 31

vi 目 次

第4章 判別分析 33

4.1 判別分析とは 34

4.2 線形判別 36

4.3 非線形判別 37

4.4 例題 38

4.5 問題 45

第5章 クラスタリング 47

5.1 クラスタリングとは 48

5.2 階層的クラスタリング 49

5.3 k 平均法 52

5.4 例題 52

5.5 問題 58

◆第II部 機械学習 59

第6章 機械学習 61

6.1 機械学習とは 62

6.2 人工知能と機械学習 62

6.3 機械学習と深層学習 63

目 次　vii

第 7 章　ニューラルネットワーク 65

7.1　ニューラルネットワークとは 66

7.2　例題 1（判別分析）...69

7.3　例題 2（回帰分析）...75

7.4　問題 79

第 8 章　サポートベクターマシン（SVM）.................................... 85

8.1　サポートベクターマシンとは 86

8.2　例題 1（判別分析）...89

8.3　例題 2（回帰分析）...94

8.4　問題 98

第 9 章　ベイズ推定 101

9.1　ナイーブベイズ分類器 102

9.2　例題 104

9.3　問題 109

第 10 章　自己組織化マップ 111

10.1　自己組織化マップとは 112

10.2　例題 113

10.3　問題 116

第11章 決定木 117

11.1 決定木とランダムフォレスト 118

11.2 例題1（判別分析）.. 119

11.3 例題2（回帰分析）.. 123

11.4 問題 126

第12章 深層学習 129

12.1 深層学習とは 130

12.2 例題 131

12.3 問題 135

◆ 付 録　Rの基礎及び解答　　137

付録1　Windows環境へのRのインストール 139

付録2　Rの簡単な演算 147

付録3　問題の解答例 153

あとがき... 207

参考文献... 208

索　引... 209

本書で使用した例題のファイルは、オーム社 Web サイト（https://www.ohmsha.co.jp/）の該当書籍詳細ページに掲載しています。書籍を検索いただき、ダウンロードタブをご確認ください。

注）・本ファイルは、本書をお買い求めになった方のみご利用いただけます。また、本ファイルの著作権は、本書の著作者である、北栄輔 氏に帰属します。
　　・本ファイルを利用したことによる直接あるいは間接的な損害に関して、著作者およびオーム社はいっさいの責任を負いかねます。利用は利用者個人の責任において行ってください。

第 I 部

多変量解析

第1章　データマイニング
第2章　回帰分析
第3章　主成分分析
第4章　判別分析
第5章　クラスタリング

精密なデータが大量に利用できるビッグデータの時代以前から，顧客の購買予測や企業経営の判断などデータマイニングが必要とされる場面は多くあった．そのような時代からデータマイニングに用いられたのが多変量解析である．

　近年注目を集めるデータマイニング手法には深層学習やベイズ推定など様々な手法があるが，第Ⅰ部では，これらの手法以前から用いられている多変量解析手法について学習する．この中には，データの傾向や周期性を測定する方法や，データ間の関係性を測定する方法などがある．第Ⅰ部では，データマイニングについて概観した後，回帰分析，主成分分析，判別分析，クラスタリング（クラスタ分析）について学習する．

第 1 章

データマイニング

1.1 ◆ データマイニングとは

　データマイニング（Data Mining）とは，データにおける傾向や，複数のデータ間にある関係などを発見するための理論や手法である．データマイニングの例としてしばしば取り上げられるものに，「スーパーマーケットで紙おむつを買う人はビールを買うことが多い」という例がある．スーパーマーケットでの顧客の購買履歴を調査し，同時に買うもののリストを調べた結果，上記のことがわかったのである．データマイニングでは，大量のデータをリアルタイムで分析することによって，このような傾向，さらにもっと精密な購買の傾向を自動的に見つけることを目的としている．特に，テキストを分析対象とするものをテキストマイニング（Text Mining），ウェブページを分析対象とするものをウェブマイニング（Web Mining）と呼ぶ．

　年齢や性別，収入，購入履歴のデータから顧客がどのような製品やサービスを求めているのかがわかれば，顧客に製品やサービスを推薦することができる．これを，電子商取引サイトにおいて情報フィルタリングなどの手法と併用して行うのがレコメンデーション（Recommendation）と呼ばれるサービスである．電子商取引サイトにおいて，何かを購入するときに同時購入されている製品を紹介されたり，推される商品のランキングが変更されたりするのは，レコメンデーションの技術である．同様の手法を宣伝広告において用いれば，見込み顧客を絞り込んで，より効果的なマーケティングを行うことができる．製造業においては，データマイニングの技術を利用することで，見込み生産量を小さくして，精密な生産計画を立てることができる．これを高度に応用することは，第四次産業革命の鍵となる技術である．

1.2 ◆ 多変量解析の考え方

　従来からデータマイニングに用いられてきた手法は多変量解析である．ひとことで言えば，多変量解析とは複数の説明変数からなるデータ群を分析する手

法である．この中には，データにおける長期的な傾向や周期性を測定する方法
や，データ間の関係性を測定する方法等がある．データにおける長期的な傾向
であるトレンドや周期性を数理モデルで表現できれば，過去のデータから将来
のデータ変動を予想できる．また，データ相互の関係性，つまり相関性が数理
モデルで表現できれば，あらかじめ測定されたデータから測定できない他の
データの傾向を予測することができる．主な方法には，回帰分析，主成分分析，
判別分析，クラスタリング（クラスタ分析）などがある．

　分析したい事象を表現する変数を目的変数，目的変数を説明するために用い
る変数を説明変数と呼ぶ．回帰分析では，目的変数を説明変数の関係式（関数）
として定義する．この場合，説明変数が多ければ多いほど精度良く目的変数を
説明できるように思えるが，必ずしもそうではなくて，目的変数を説明するた
めの説明変数を適切に選択するほうが，精度良く分析できる場合も多い．そこ
で，目的変数と説明変数の関係性の強さを測定して，適切な説明変数を選択す
るために相関分析が用いられる．説明変数間に変数変換を適用して，より適切
な変数を定義して利用する手法が主成分分析である．また，判別分析及びクラ
スタ分析は，あらかじめ分類されたデータを元に，未分類のデータを分類する
方法であって，このために回帰分析が用いられる場合がある．第 I 部では，こ
れらの手法について学ぶ．

1.3 ◆ 第 I 部の読み方

　第 I 部では，多変量解析手法を扱う．第 1 章でデータマイニングと多変量解
析について概要を述べた後，第 2 章から第 5 章にかけて回帰分析，主成分分析，
判別分析，クラスタリング（クラスタ分析）について紹介する．回帰分析では，
分析したいデータにおける説明変数と目的変数の関係式（回帰式と呼ぶ）を求
めるところから始まり，判別分析は回帰式の応用と考えることができる．主成
分分析は，回帰分析の説明変数を縮退することが目的である．クラスタリング
手法では，階層的クラスタリングと非階層型（分割最適化）クラスタリングに

ついて紹介する.

これらの技術は，第Ⅱ部で述べる機械学習の手法とは理論としては大きく異なっているが，目的変数と説明変数の間で関係式を導出すること，関係式の応用として大きく回帰分析と判別分析があることを理解するのに役立つ.

第 **2** 章

回帰分析

8 第Ⅰ部 多変量解析

2.1 ◆ 回帰分析とは

　回帰分析（Regression Analysis）とは，目的変数を説明変数の関数として定義し，従属変数と説明変数の関係を定量的に分析する手法である．説明変数と目的変数の組を多数用意し，そこから両者の関係式を定める．目的変数とは分析したい数値であり，説明変数とは目的変数を表現する関数を決定するときに用いる変数である．説明変数を用いて目的変数を精度良く表現することができるならば，その関係式を用いて，目的変数の将来の値を予測することや，それを進めて，将来値を所要の値とするような説明変数の値を定めることができる．

　説明変数が 1 つだけの場合を単回帰分析，あるいは単に，回帰分析と呼び，説明変数が 2 つ以上の場合を重回帰分析と呼ぶ．

(1) 説明変数と目的変数

　単回帰分析において，説明変数を x，目的変数を y とすると，関数 f を用いて次式のように記述できる．

$$y = f(x) \tag{2.1}$$

　重回帰分析においては，説明変数を $x_1, x_2, \cdots, x_N$，目的変数を y とすると，関数 g を用いて次式のように記述できる．

$$y = g(x_1, x_2, \cdots, x_N) \tag{2.2}$$

(2) 線形回帰と非線形回帰

　式 (2.1)，(2.2) において，目的変数を説明変数の線形結合で表現する場合を線形回帰分析と呼ぶ．目的変数 y を説明変数 x の線形回帰式で表現する場合，次式を得る．

$$y = f(x) \equiv a_0 + a_1 x \tag{2.3}$$

ここで，a_0，a_1 は未知係数である．

目的変数 y を説明変数 x の多項式関数で表現する場合は，高次項を別変数におくことによって，線形回帰式となる．例えば，目的変数 y を説明変数 x の3次式で表現する場合，次式となる．

$$y = f(x) \equiv a_0 + a_1 x + a_2 x^2 + a_3 x^3 \tag{2.4}$$

ここで，a_0，a_1，a_2，a_3 は未知係数である．$x \equiv x_1$，$x^2 \equiv x_2$，$x^3 \equiv x_3$ とおけば

$$y = a_0 + a_1 x_1 + a_2 x_2 + a_3 x_3 \tag{2.5}$$

となるので，目的変数 y は3つの説明変数 x_1，x_2，x_3 の線形重回帰式で与えられるといえる．

線形回帰式は多くの問題で用いられるが，関数 f や g として非線形な関数を用いることも多い．利用される関数の1つとして，次式で与えられるロジスティック関数がある．

$$y = \frac{1}{1 + e^{-x}} \tag{2.6}$$

2.2 ◆ あてはめ精度の評価方法

回帰分析では，説明変数と目的変数の組を多数用意し，両者の関係を精度良く表現する関数式を定めることが目的である．したがって，関係式による元のデータの当てはめの善し悪しを評価する必要があり，このために以下のような指標を用いる．

(1) 相関係数

相関係数は2つの変数の線形な関係性を示しており，－1以上1以下の値をとる．相関係数が正の値であるとき，2つの変数に正の相関があるといい，

相関係数が負の値であるとき，2つの変数に負の相関があるという．そして，相関係数が0のとき，2つの変数は無相関であるという．

変数x，yのデータがn組あるとする．つまり，

$$(x_1, y_1), (x_2, y_2), \cdots, (x_n, y_n) \tag{2.7}$$

このとき，両者の相関係数は次式で与えられる．

$$r_{xy} = \frac{\sum_{i=1}^{n}(x_i - \bar{x})(y_i - \bar{y})}{\sqrt{\sum_{i=1}^{n}(x_i - \bar{x})^2}\sqrt{\sum_{i=1}^{n}(y_i - \bar{y})^2}} \tag{2.8}$$

ここで，$\bar{x}$，$\bar{y}$はそれぞれの平均値を示す．

(2) 決定係数

決定係数はR^2と記述され，相関係数の二乗に等しい．決定係数は説明変数が目的変数を説明できる程度を表しており，寄与率とも呼ばれる．1に近いほど，相対的な残差が小さいことを示す．

決定係数は，回帰式に含まれる項の数が増えるほど良くなる傾向があるため，（回帰式の項数に関わる）説明変数の総数と分析に用いるデータ数によって調整する必要がある．これを自由度調整済決定係数（adjusted R^2）と呼ぶ．

(3) t検定

t検定は，2つのデータの平均値に有意な差があるかどうかを評価するために用いる．ある説明変数に対するt値が95％の信頼区間外にある場合を「有意水準5％」と呼び，説明変数の判定によく用いられる．

(4) F検定

F検定は，F分布を利用して2つのデータの分散が等しいかどうか（等分散）の検定を行う．ある説明変数に対するF値が95％の信頼区間外にある場合を「有意水準5％」と呼び，よく用いられる．2つのデータ間のt検定を行うため

には，2つのデータが等分散でなければならず，このためにF検定を用いることが多い．

(5) P-値

P-値（有意確率）は，データから計算された統計量よりも極端な統計量が観測される確率を表す．有意水準として1%有意，5%有意，10%有意等が用いられる．通常P-値が0.05未満（5%有意）であれば，その説明変数が目的変数の説明に有効であると判断される．

2.3 ◆ 例題

(1) 目的変数と説明変数の定義

目的変数yを2つの説明変数x_1, x_2で回帰分析することを考える．それぞれの変数は以下のように与えられている．

$$x_1 = \{38.78, 145.05, 152.69, 160.11, 165.37, 168.61\} \tag{2.9}$$

$$x_2 = \{33.54, 37.92, 43.52, 49.04, 53.41, 59.24\} \tag{2.10}$$

$$y = \{0.35, 8.88, 8.48, 7.92, 7.53, 7.56\} \tag{2.11}$$

目的変数yと説明変数x_1, x_2をベクトルデータとして定義するために，プロンプト>に続いて次のように入力する．

```
> x1 <- c(38.78 , 145.05, 152.69 , 160.11 , 165.37 , 168.61)
> x2 <- c(33.54 , 37.92 , 43.52 , 49.04 , 53.41 , 59.24)
> y <- c(.35 , 8.88 , 8.48 , 7.92 , 7.53 , 7.56)
>
```

ここで，コマンドcは()内にカンマ区切りで並べた数値の並びを1つのベクトルとして定義し，<-の左側にある変数に代入する．

続いて，3つの変数データを変数 ra.data としてまとめるためにはコマンド data.frame() を用いて次のように入力する．そして，ra.data と入力すると結果が表示される．

```
> ra.data <- data.frame(x1,x2,y)
> ra.data
      x1    x2    y
1  38.78 33.54 0.35
2 145.05 37.92 8.88
3 152.69 43.52 8.48
4 160.11 49.04 7.92
5 165.37 53.41 7.53
6 168.61 59.24 7.56
```

(2) 相関係数の計算

変数 x1 と変数 y の相関係数を求めるために，コマンド cor() を用いて次のように入力する．

```
> cor(x1,y)
[1] 0.9431553
```

データをグラフに表示するためにはコマンド plot() を用いる．ra.data に含まれる全ての変数のうちから任意の2つの組み合わせからなる全てのグラフを表示するには次のように入力する．

```
> plot(ra.data)
```

ra.data には x1，x2，y の3変数が含まれているので，それらのうちの任意の2つの組み合わせのグラフが表示される．

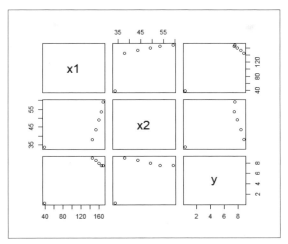

図 2.1　データのプロット

特定の 2 変数からなるグラフを表示する場合には次のように入力する．例えば，データ ra.data に含まれる 3 変数のうち，横軸を x1，縦軸を y とするグラフを表示するには次のように入力する．

```
> plot(ra.data$x1,ra.data$y)
```

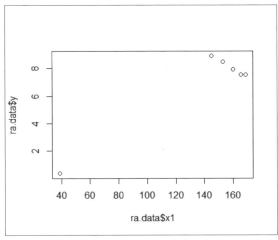

図 2.2　x1 と y についてのプロット

14 第I部 多変量解析

（3）線形回帰分析

目的変数 y を説明変数 x1 について線形回帰分析することを考える．つまり，x1 と y の関係を次式で与えるときの関係式を求めることを目的とする．

$$y = a_0 + a_1 x_1 \tag{2.12}$$

この場合，回帰式を求めるためにコマンド lm() を用いて次のように入力する．

```
> lm.res <- lm(y~x1,data=ra.data)
```

ここで，y~x1 は，y を x1 の関数として定義することをコマンド lm() に指示している．また，data=ra.data は，x1 と y がデータ ra.data の成分であることを示している．そして，コマンド lm による分析結果は左辺の変数 lm.res に入力される．

コマンド lm() による分析結果を表示するためにはコマンド summary() を用いる．

```
> summary(lm.res)

Call:
lm(formula = y ~ x1, data = ra.data)

Residuals:
      1       2       3       4       5       6
-0.3737  1.6909  0.8261 -0.1854 -0.8954 -1.0625

Coefficients:
            Estimate Std. Error t value Pr(>|t|)
(Intercept) -1.63573    1.56121  -1.048  0.35390
x1           0.06084    0.01072   5.676  0.00476 **
---
Signif. codes:  0 '***' 0.001 '**' 0.01 '*' 0.05 '.' 0.1 ' ' 1

Residual standard error: 1.188 on 4 degrees of freedom
Multiple R-squared:  0.8895,    Adjusted R-squared:  0.8619
F-statistic: 32.21 on 1 and 4 DF,  p-value: 0.004755
```

この分析の目的は式（2.12）の係数を定めることである．上の分析結果において，係数 a_0，a_1 は Estimate の下，(Intercept) と x1 の右のところに記載されている．Intercept は切片を示し，式における a_0 である．つまり，

上の結果より, $a_0 = -1.63573$, $a_1 = 0.06084$ となり, 線形回帰式は次式で与えられる.

$$y = a_0 + a_1 x_1 = -1.63573 + 0.06084 x_1 \tag{2.13}$$

Residuals は, 回帰式 (2.13) と元の数値 y とのずれを示している. R-squared, F-statistic, p-value は, それぞれ決定係数, F 値, P- 値を示す.

(4) 線形回帰分析 (切片を 0 とする場合)

先の例題では, 線形回帰式の切片もまた計算で求めていた. 問題によっては, あらかじめ, x1=0 において y0=0 となることがわかっていることもある. そのような場合, コマンド lm() は次のように入力する.

```
> lm.res2 <- lm(y~x1-1,data=ra.data)
```

異なっているのは, 変数 x1 に続いて -1 と入力しているところである. 分析結果の表示方法は同じである.

```
> summary(lm.res2)

Call:
lm(formula = y ~ x1 - 1, data = ra.data)

Residuals:
      1       2       3       4       5       6
-1.5954  1.6036  0.8204 -0.1119 -0.7657 -0.8983

Coefficients:
   Estimate Std. Error t value Pr(>|t|)
x1 0.050165   0.003363   14.92 2.45e-05 ***
---
Signif. codes:  0 '***' 0.001 '**' 0.01 '*' 0.05 '.' 0.1 ' ' 1

Residual standard error: 1.2 on 5 degrees of freedom
Multiple R-squared:  0.978,     Adjusted R-squared:  0.9736
F-statistic: 222.5 on 1 and 5 DF,  p-value: 2.449e-05
```

切片 (Intercept) に関する係数の表示が存在しないことがわかる.

(5) 散布図と回帰曲線の表示

解析に用いた元のデータを散布図としてプロットするとともに，回帰直線を重ね書きするためには以下のように入力する．

```
> plot(ra.data$x1, ra.data$y)
> abline(lm.res, lwd=1, col="blue")
```

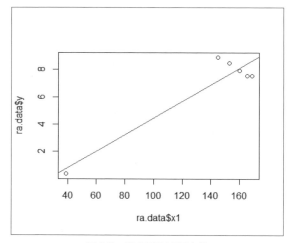

図 2.3　散布図と回帰直線

ここで，plot(ra.data$x1, ra.data$y) とは，データ ra.data の変数 x1 を横軸，y を縦軸として散布図を描くことを示す．また，abline(lm.res, lwd=1, col="blue") は，lm.res で求めた回帰曲線を，幅 1（lwd=1）かつ，青色（col="blue"）で記述することを指示している．

(6) 予測値の計算

予測値を計算するためにはコマンド predict() を用いる．まず，式 (2.13) を用いて x1 の値によって y を計算するためには，次のように入力する．

第 2 章 回帰分析　17

```
> lm.predict <- predict(lm.res)
> lm.predict
        1         2         3         4         5         6
0.7236512 7.1891236 7.6539416 8.1053748 8.4253935 8.6225153
```

予測結果は変数 lm.predict に入力されている.

元データと予測値を並べて表示するためにはコマンド data.frame() を用いる.

```
> data.frame(ra.data,lm.predict)
      x1    x2    y  lm.predict
1  38.78 33.54 0.35   0.7236512
2 145.05 37.92 8.88   7.1891236
3 152.69 43.52 8.48   7.6539416
4 160.11 49.04 7.92   8.1053748
5 165.37 53.41 7.53   8.4253935
6 168.61 59.24 7.56   8.6225153
```

(7) 重回帰分析

最初に, データ ra.data に含まれる全変数間の相関係数は次のようにして評価される.

```
> cor(ra.data)
            x1        x2         y
x1 1.0000000 0.7597655 0.9431553
x2 0.7597655 1.0000000 0.5071690
y  0.9431553 0.5071690 1.0000000
```

先ほどの例では, 目的変数 y を説明変数 x1 のみの関数として定義した. 今回は, y 以外の全ての変数である x1, x2 を説明変数として線形回帰分析することを考える. つまり,

$$y = a_0 + a_1 x_1 + a_2 x_2 \tag{2.14}$$

この場合, 回帰式を求めるためにコマンド lm() を用いる. 続いて, 分析結果を表示するためにコマンド summary() を用いる.

18 第Ⅰ部　多変量解析

```
> lm.res3 <- lm(y~x1+x2,data=ra.data)
> summary(lm.res3)

Call:
lm(formula = y ~ x1 + x2, data = ra.data)

Residuals:
       1        2        3        4        5        6
-0.01665  0.18650  0.05485 -0.23120 -0.35205  0.35854

Coefficients:
            Estimate Std. Error t value Pr(>|t|)
(Intercept)  2.567807   0.761685   3.371 0.043372 *
x1           0.085117   0.004699  18.113 0.000367 ***
x2          -0.164042   0.024125  -6.800 0.006504 **
---
Signif. codes:  0 '***' 0.001 '**' 0.01 '*' 0.05 '.' 0.1 ' ' 1

Residual standard error: 0.3386 on 3 degrees of freedom
Multiple R-squared:  0.9933,    Adjusted R-squared:  0.9888
F-statistic: 221.4 on 2 and 3 DF,  p-value: 0.0005521
```

この場合，次の線形回帰式を得たことになる．

$$y = a_0 + a_1 x_1 + a_2 x_2 = 2.567807 + 0.085117 x_1 - 0.164042 x_2 \quad (2.15)$$

予測値を求めるためには，コマンド predict() を用いて次のように入力する．

```
> lm.predict3<-predict(lm.res3)
> lm.predict3
        1         2         3         4         5         6
0.3666483 8.6934950 8.4251488 8.1512003 7.8820486 7.2014590
> data.frame(ra.data,lm.predict3)
      x1    x2    y lm.predict3
1  38.78 33.54 0.35   0.3666483
2 145.05 37.92 8.88   8.6934950
3 152.69 43.52 8.48   8.4251488
4 160.11 49.04 7.92   8.1512003
5 165.37 53.41 7.53   7.8820486
6 168.61 59.24 7.56   7.2014590
```

切片が 0 となるように回帰式を求めるためにはコマンド lm() を次のように入力する．

```
> lm.res4 <- lm(y~x1+x2-1,data=ra.data)
> summary(lm.res4)

Call:
lm(formula = y ~ x1 + x2 - 1, data = ra.data)

Residuals:
      1        2        3        4        5        6
 0.4943   0.8386   0.3682  -0.2521  -0.6402  -0.3013

Coefficients:
    Estimate Std. Error t value Pr(>|t|)
x1  0.081068   0.008609   9.416 0.000709 ***
x2 -0.098035   0.026709  -3.671 0.021381 *
---
Signif. codes:  0 '***' 0.001 '**' 0.01 '*' 0.05 '.' 0.1 ' ' 1

Residual standard error: 0.6417 on 4 degrees of freedom
Multiple R-squared:  0.995,     Adjusted R-squared:  0.9925
F-statistic: 395.6 on 2 and 4 DF,  p-value: 2.53e-05
```

コマンド lm() の引数が少し異なっていることに注意されたい．lm(y~x1+x2-1, …) と記述された−1 が，切片を 0 とするように（原点を通るように）直線を決定することを指定している．

(8) その他の回帰分析

回帰に用いる関数が，変数の積の項を含む場合を考える．つまり，

$$y = a_0 + a_1 x_1 + a_2 x_2 + a_3 x_1 x_2 \tag{2.16}$$

この場合，次のような結果が得られる．

20 第I部 多変量解析

```
> lm.res5 <- lm(y~x1*x2,data=ra.data)
> summary(lm.res5)

Call:
lm(formula = y ~ x1 * x2, data = ra.data)

Residuals:
        1         2        3        4        5        6
-0.01032  -0.01080  0.20984  -0.06649  -0.36449  0.24226

Coefficients:
             Estimate Std. Error t value Pr(>|t|)
(Intercept) 26.672446  25.941271   1.028    0.412
x1          -0.045998   0.141123  -0.326    0.775
x2          -0.891274   0.782679  -1.139    0.373
x1:x2        0.004125   0.004437   0.930    0.451

Residual standard error: 0.3466 on 2 degrees of freedom
Multiple R-squared:  0.9953,    Adjusted R-squared:  0.9883
F-statistic: 141.2 on 3 and 2 DF,  p-value: 0.007041
```

　ここで，x1:x2 の右の数値が x1*x2 の項の係数を示している．つまり，次式となる．

$$y = a_0 + a_1 x_1 + a_2 x_2 + a_3 x_1 x_2 = 26.672446 - 0.045998 x_1$$
$$- 0.891274 x_2 + 0.004125 x_1 x_2 \tag{2.17}$$

(9) ロジスティック関数による回帰分析

　回帰分析に用いる近似関数が任意の非線形関数の場合を考える．ここでは，近似関数としてロジスティック関数を用いる．つまり，

$$y = \frac{a}{1 + be^{cx_1}} \tag{2.18}$$

実験に用いるデータとしては次のデータを用いる．

$$x_1 = \{0, 1, 2, 3, 4, 5, 6, 7, 8, 9, 10\} \tag{2.19}$$

$$y = \{19.83494, 12.26842, 7.75708, 2.06081, 0.48709,$$
$$0.11015, 0.02466, 0.00551, 0.00123, 0.00027, 0.00006\} \tag{2.20}$$

　非線形回帰分析を行う場合，コマンド nls() を用いる．このとき，未知係数 a，b，c を決定するために，探索におけるこれらの未知係数の初期値を与える必要がある．ここでは，初期値を $a = 5$，$b = 0.1$，$c = 1.0$ としている．

第2章 回帰分析 21

```
> x1 <- c(0,1,2,3,4,5,6,7,8,9,10)
> y <- c(19.83494,12.26842,7.75708,2.06081,0.48709,0.11015,0.0246
6,0.00551,0.00123,0.00027,0.00006)
> nls.data <- data.frame(x1,y)
> nls.res <- nls(y~a/(1+b*exp(c*x1)),data=nls.data, start<-c(a=5,
b=0.1,c=1.0))
> summary(nls.res)

Formula: y ~ a/(1 + b * exp(c * x1))

Parameters:
  Estimate Std. Error t value Pr(>|t|)
a  26.8375     3.6557   7.341 8.06e-05 ***
b   0.3667     0.1668   2.199   0.0591 .
c   1.0659     0.1440   7.401 7.61e-05 ***
---
Signif. codes:  0 '***' 0.001 '**' 0.01 '*' 0.05 '.' 0.1 ' ' 1

Residual standard error: 0.5837 on 8 degrees of freedom

Number of iterations to convergence: 14
Achieved convergence tolerance: 4.099e-06
```

コマンド nls() において，y~a/(1+b*exp(c*x1)) は変数 y を関数 a/(1+b*exp(c*x1)) で近似することを示している．data=nls.data は変数 x1，y がデータ nls.data に含まれていることを示している．最後に，start<-c(a=5,b=0.1,c=1.0) は，未知計数の初期値を指定している．

回帰関数を用いた予測値の計算にはコマンド predict() を用いる．結果を整形して表示するために，コマンド data.frame() を用いている．

```
> nls.predict <- predict(nls.res)
> nls.predict
 [1] 19.636107747 12.997322228  6.558803600  2.689869327
 [5]  0.991564284  0.349978892  0.121574549  0.041995841
 [9]  0.014478513  0.004988265  0.001718202
> data.frame(nls.data,nls.predict)
   x1        y nls.predict
1   0 19.83494 19.636107747
2   1 12.26842 12.997322228
3   2  7.75708  6.558803600
4   3  2.06081  2.689869327
5   4  0.48709  0.991564284
6   5  0.11015  0.349978892
7   6  0.02466  0.121574549
8   7  0.00551  0.041995841
9   8  0.00123  0.014478513
10  9  0.00027  0.004988265
11 10  0.00006  0.001718202
```

回帰分析に用いた元データと得られた回帰曲線を重ね書きするためには，次のように入力する．

```
> plot(nls.data$x1,nls.data$y,xlim=c(0,10),ylim=c(0,20))
> par(new=T)
> plot(nls.data$x1,nls.predict,type="l",xlim=c(0,10),ylim=c(0,20))
```

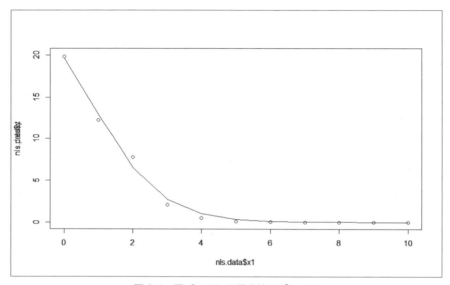

図 2.4　元データと回帰曲線のプロット

ここで，plot(nls.data$x1,nls.data$y,xlim=c(0,10),ylim=c(0,20)) は，横軸にデータ nls.data の変数 x1，縦軸にデータ nls.data の変数 y をとってグラフを描くことを示す．このとき，横軸を $0 \sim 10$，縦軸を $0 \sim 20$ の範囲でグラフをとることを示している．plot(nls.data$x1,nls.predict, type="l",xlim=c(0,10),ylim=c(0, 20)) は，横軸にデータ nls.data の変数 x1，縦軸に回帰式から計算した数値をとってグラフを描くことを示す．par(new=T) は，前のグラフを消去せずにグラフを描くことを示す．この関数を指定しないと，前のグラフを消去して重ね書きすることになる．

2.4 ◆ 問題

総務統計局の家計調査（2000 年以降の時系列結果—2 人以上の世帯）のデータを以下に示す.

	A	B	C	D	E	F	G	H	I	J	
1	total	food	house	energy	furniture	cloth	medical	trans	education	amenity	
2	309621	66863	16557	24955	9241	18368	10749	31231	12527	29620	
3	290663	68872	18454	25677	8721	13673	11679	30968	14478	28000	
4	335341	74025	18399	25331	10427	17428	11661	38961	17698	34350	
5	335276	72157	18815	22908	8959	17032	11153	41060	24041	32382	
6	308566	75402	19244	21074	10685	17284	11239	35889	11511	32399	
7	297648	71592	21445	18435	11252	16037	11047	34111	9375	30647	
8	326480	74206	24477	18610	14417	17319	11764	40336	11263	34338	
9	309993	76242	18669	20289	10575	12013	11052	35290	8517	36632	
10	296457	71947	19445	20701	9724	12473	9889	36348	16241	28501	

図 2.5　家計調査データの一部

左から，消費支出（総支出，total），食料（food），住居（house），光熱・水道（energy），家具・家事用品（furniture），被服及び履物（cloth），保健医療（medical），交通・通信（trans），教育（education），教養娯楽（amenity），その他の消費支出（others）となっている．その他の消費支出には，お小遣い，交際費，仕送りなどが含まれている．

このデータについて以下の操作を行いなさい．

① 家計の総支出に対する支出項目ごとの相関分析を行いなさい．
② 家計の総支出の線形重回帰式を決定しなさい．

第 **3** 章

主成分分析

26 第 I 部 多変量解析

3.1 ◆ 主成分分析とは

主成分分析の目的は，複数の説明変数を有するデータにおいて，できるだけ少ない情報の損失で，説明変数を少数の合成変数に縮約することである．

例として，公立学校の先生が，生徒の成績を英語・数学・国語・理科・社会で比較して，生徒指導をすることを考えてみよう．5科目で比較をすることもできるけれども，学生の特徴をまとめて一覧するには5科目は多すぎる．そこで，適切な変数変換をすることで5変数（5科目）を2変数にまとめることができれば，学生を平面グラフ上に表示して，一覧することができる．これが主成分分析の簡単な利用法の1つである．

(1) 主成分

複数の説明変数をもつデータがあるときに，それらのデータを複数のグループ（クラスタ，カテゴリ）に分類するための分類基準を主成分という．特徴を表現する能力が最も強い，つまり，最もうまく分類できる主成分を第1主成分と呼び，続けて，2番目に強い主成分を第2主成分，3番目に強い主成分を第3主成分等という．

主成分部関では，多くの変数により記述された量的データの変数間の相関を排除し，できるだけ少ない情報の損失で少数個の無相関な合成変数に縮約して分析を行う．少し極端な例ではあるが，**図 3.1** の例を示す．この図には，データ1から4が点として記載されている．実線で示された直交座標系 $x_1 - x_2$ においては，2変数でデータ点を表示しているのに対して，破線で示された直交座標系では，1つの座標系 x_1' だけでデータを表現することができる．このように，主成分分析では，適切な変数変換によって説明変数の数を減らすことができる．

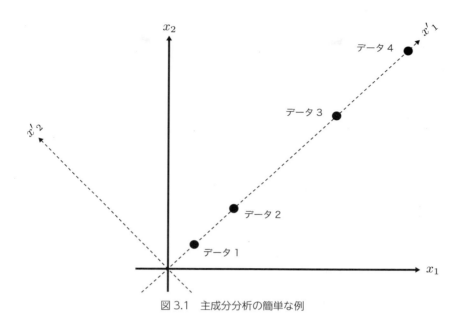

図 3.1 主成分分析の簡単な例

主成分分析とは変数変換であるから,主成分の総数は説明変数の総数と同じだけ存在しており,データを最も適切に表現できるものから第 1 主成分,第 2 主成分,…となっている.

(2) 主成分の求め方

主成分分析では,説明変数 x_1, x_2, x_3, …から新たな変数 X を定義する.つまり,

$$X = a_1 x_1 + a_2 x_2 + \cdots \tag{3.1}$$

ここで,パラメータ a_1, a_2, …を以下のようにして求める.

① データを基準化(規格化,標準化)する.
② 条件として,$a_1{}^2 + a_2{}^2 + \cdots = 1$ をおく.
③ 説明変数の平均値を求める.
④ 平均値からのばらつき(不変分散)が最大となるように係数を定め,それを第

1 主成分とする.

⑤ 第 1 主成分と直交する軸のうち, ばらつきが最大となるものを第 2 主成分とする.

⑥ これを繰り返す.

なお, 平均値からのばらつき (不変分散) が最大となるように係数を定めることは, 説明変数間の分散共分散行列の固有値・固有ベクトルを求めることと同じである.

(3) 固有値と寄与率

固有値は, その主成分がどの程度元のデータの情報を保持しているかを表しており, ある主成分の固有値がデータの全情報の中で占める割合を寄与率と呼ぶ. そして, 各主成分の寄与率を, その値の大きい順に足したものを累積寄与率と呼ぶ.

固有値 λ について, j 番目主成分の寄与率は次式で与えられる.

$$\frac{\lambda_j}{\sum^p \lambda_i} \times 100 \tag{3.2}$$

ここで, p は主成分の総数である. そして, j 番目主成分までの累積寄与率は次式で与えられる.

$$\frac{\sum^j \lambda_i}{\sum^p \lambda_i} \times 100 \tag{3.3}$$

(4) 変数の縮約

主成分分析の目的は, 適切な数の主成分に縮約することで変数を少なくすることである. どれだけの主成分を採用すれば十分か判定するには, いくつかの方法がある.

第 1 は, 固有値によって判断する方法で, 固有値が各データ変量の標準化されている分散の値である 1 を越えていれば, その主成分を採用する.

第3章 主成分分析　29

第2は，横に主成分の番号を，縦に対応する固有値の値をプロットしたスクリープロットを描き，グラフの折れ線の傾きがゆるやかになる手前までの主成分を採用する方法である．

第3は，累積寄与率が $70 \sim 80\%$ に達するところまでの主成分を採用する方法である．この累積寄与率による方法がよく用いられる．

3.2 ◈ 例題

(1) 問題設定

例題として，**表3.1**にある5名の生徒A，B，C，D，Eの成績を説明するために適切な主成分の数を累積寄与率によって決定することを考える．

表3.1　例題

氏名	英語	数学
A	60	20
B	100	80
C	80	50
D	60	80
E	70	100

(2) データの準備

変数をコマンド c() によってベクトルとして定義し，それらをデータ pca.data にまとめる．

```
> eng <- c(60,100,80,60,70)
> math <- c(20, 80,50,80,100)
> pca.data <- data.frame(eng, math)
> pca.data
  eng math
1  60   20
2 100   80
3  80   50
4  60   80
5  70  100
```

(3) 主成分分析

　主成分分析にはコマンドprcomp()またはコマンドprincomp()を用いる．ここでは，prcomp()を用いる．結果の表示にはコマンドsummary()を用いる．

```
> pca.res <- prcomp(pca.data)
> pca.res
Standard deviations (1, .., p=2):
[1] 31.76235 15.84781

Rotation (n x k) = (2 x 2):
           PC1        PC2
eng  0.1951205 -0.9807793
math 0.9807793  0.1951205
> summary(pca.res)
Importance of components%s:
                          PC1     PC2
Standard deviation     31.7624 15.8478
Proportion of Variance  0.8007  0.1993
Cumulative Proportion   0.8007  1.0000
```

　ここで，PC1, PC2は第1主成分，第2主成分を示す．Standard deviation, Proportion of Variance, Cumulative Proportionは，それぞれ標準偏差，寄与率，累積寄与率を示す．累積寄与率が70から80%以上となるように主成分を選択する．この場合，第1主成分だけで累積寄与率は0.8007となって80%以上となっているので，第1主成分だけを採用すればよいことがわかる．

3.3 ◆ 問題

　5名の学生の英語，数学，国語，理科，社会の成績が以下の表のようになっている．主成分分析を行い，累積寄与率から主成分を選択しなさい．また，第1主成分と第2主成分を縦軸と横軸にとってデータをプロットしなさい．

表 3.2　問題

氏名	英語	数学	国語	理科	社会
A	60	20	70	50	70
B	100	80	80	90	80
C	80	50	60	70	80
D	60	80	40	80	60
E	70	100	80	70	90

第 **4** 章

判別分析

4.1 ◆ 判別分析とは

判別分析（Discriminant Analysis）とは，あらかじめ，どちらのグループに属しているかがわかっているデータがあるときに，まだ分類されていない未知データがどちらのグループに属するかを推定する手法である．

あらかじめ，どちらのグループに属しているかがわかっているデータを元に判別関数（判別ルール）を決定し，それを元に未知データがどちらに属するかを推定する．判別関数としては，最も簡単な線形関数から非線形関数などまである．複雑な問題に対しては，後述するようなニューラルネットワーク，サポートベクターマシン等が用いられる．

（1）説明変数と目的変数

判別分析では，一般的には，目的変数が質的変数で，説明変数が質的変数または量的変数となる．ここで，量的変数は身長や体重などの連続値をとる変数であるのに対して，質的変数は Yes/No，色，国籍など数値化できない変数である．目的変数と質的変数の両方において，変数が質的変数である場合，ダミー変数を用いて離散値の量的変数に変換することで，量的変数と同様に扱う．

例えば，目的変数が品物の色であって，色に赤・黒・白の3種類がある場合を考えてみよう．色は質的変数であるから数値で表現できない．しかし，ダミー変数を用いて，赤＝-1，黒＝0，白＝1とおけば，定量化することができる．このとき，-1，0，1のように平均が0となるようにおくほうがよい．

判別分析の目的が2グループへ分類する場合は単判別分析，3つ以上のグループに分類する場合は重判別分析と呼ぶ．

（2）線形判別問題と非線形判別問題

未知データがどちらのグループに含まれるかを判別する関数（判別関数）は，大きく線形判別関数と非線形判別関数に分けられる．線形判別関数を用いた判別問題では，直線・平面・超平面によってデータを2グループに分類する．し

かし，線形判別関数だけでは判別できない問題があり，その場合非線形判別関数を用いる．

例として，2つの説明変数で定義されるデータ群を判別することを考える．**図 4.1** において，赤データと青データは別々のグループに属しているデータである．**図 4.1(a)** の場合, 左下から右上に引かれた直線（線形関数）で黒丸データと白丸データを2つのグループに分けることができるのに対して，**図 4.1(b)** の場合, 楕円形の領域を用いなければ2つのグループを分けることができない．つまり，**図 4.1(a)** の場合は直線で分類できるので線形判別関数で判別可能であるのに対して，**図 4.1(b)** の場合には非線形判別関数が必要となる．

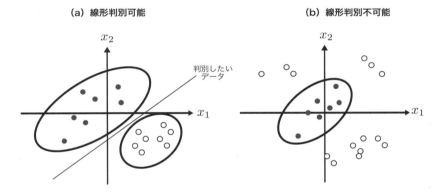

図 4.1 　線形判別と非線形判別

表 4.1 　例題

健康 / 病気	血圧	喫煙本数 / 日
健康	80	5
健康	60	3
病気	160	8
病気	140	6
健康	90	4
健康	40	6
病気	180	7
病気	150	6

36　第 I 部　多変量解析

4.2 ◆ 線形判別

　線形判別方法にはいくつかの方法があるが，ここでは重回帰分析手法を用いてデータを線形判別する方法について述べる．この場合，データの前処理を除けば，方法は回帰分析と同じである．

(1) データの前処理

　例として，**表4.1** のデータを元に判別式を決定することを考える．この問題では，血圧と 1 日あたりの喫煙本数を説明変数にとり，検査対象者が健康か不健康かを判別する判別式を決定する．

　健康を 1，不健康 0 として変数を次のように定義する．

表 4.2　定性的データの置換

健康 / 不健康 y	血圧 x_1	喫煙本数 / 日 x_2
1	80	5
1	60	3
0	160	8
0	140	6
1	90	4
1	40	6
0	180	7
0	150	6

　データは全ての変数が平均値 0，分散 1 となるように変数変換したほうがよい．しかし，以下において R を用いることを前提としているので，ここでは省略している．

(2) 重回帰分析

　説明変数 x_1, x_2 と目的変数 y を次のように定義する．

$$x_1 = \{80, 60, 160, 140, 90, 40, 180, 150\} \tag{4.1}$$

$$x_2 = \{5, 3, 8, 6, 4, 6, 7, 6\} \tag{4.2}$$

$$y = \{1, 1, 0, 0, 1, 1, 0, 0\} \tag{4.3}$$

変数間に次の関係を仮定する．

$$y = a_0 + a_1 x_1 + a_2 x_2 \tag{4.4}$$

式（4.4）における係数 a_0, a_1, a_2 を重回帰分析によって決定する．得られた係数を用いて判別式を次式で定義する．

$$f(x_1, x_2) = a_0 + a_1 x_1 + a_2 x_2 \tag{4.5}$$

（3）未知データの判別

例として，血圧が 120 で，1 日あたりの喫煙本数が 8 である人が健康か，不健康かを判別することを考える．未知データ $\{x_1, x_2\} = \{120, 8\}$ を式（4.5）に入力し，関数の値が 0.5 より大きい場合は健康，小さい場合は不健康と判別する．つまり，

$$f(120, 8) > 0.5 \quad ならば \quad 健康$$
$$f(120, 8) \leq 0.5 \quad ならば \quad 不健康$$

4.3 ◆ 非線形判別

非線形判別方法としてはいくつかの方法がある．後の章で紹介するニューラルネットワークやベイズ推定，サポートベクターマシンなどもこれに含めることができる．これらについては後の章で改めて紹介するので，本章では，2 次関数を用いる 2 次判別関数を扱うこととする．

38 第Ⅰ部 多変量解析

4.4 ◆ 例題

(1) 学習データの準備

表 4.1 の例題を扱うこととする．R で分析する場合，4.2 節で示したようなデータの前処理は必要ではない．そこで，初期データを入力するように次のように入力する．ここで，健康を yes，不健康を no としている．目的変数を変数 y へ，説明変数を変数 x1，x2 へ入力している．yes と no を " でくくっているのは，これらを文字変数として入力するためである．データをまとめて変数 lda.data とするためにコマンド data.frame() を用いる．

```
> x1 <- c(80,60,160,140,90,40,180,150)
> x2 <- c(5,3,8,6,4,6,7,6)
> y <- c("yes", "yes", "no", "no", "yes", "yes", "no", "no")
> da.data <- data.frame(x1,x2,y)
> da.data
   x1 x2   y
1  80  5 yes
2  60  3 yes
3 160  8  no
4 140  6  no
5  90  4 yes
6  40  6 yes
7 180  7  no
8 150  6  no
```

(2) 線形判別式の生成

コマンド library(MASS) によって，ライブラリ MASS を読み込む．続いて，線形判別関数を決定するためにコマンド lda() を利用する．lda(y~., data=da.data) は，データ da.data に含まれる変数 y を判別する関数をデータ da.data に含まれる他の全変数で決定する．その結果を，変数 lda.res に入力する．

```
> library(MASS)
> lda.res <- lda(y~., data=da.data)
> lda.res
Call:
lda(y ~ ., data = da.data)

Prior probabilities of groups:
 no yes
0.5 0.5

Group means:
      x1   x2
no  157.5 6.75
yes  67.5 4.50

Coefficients of linear discriminants:
          LD1
x1 -0.04658564
x2 -0.38882505
```

上式から，判別式は次式で与えられることがわかる．

$$y = -0.04658564x_1 - 0.38882505x_2 \tag{4.6}$$

(3) 学習データの判別

学習に用いた変数の判別精度を確認するためにコマンド predict() を用いる．ここで，predict(lda.res) は lda.res に対する判別を実行し，結果を lda.predict に入力する．

40 第I部　多変量解析

```
> lda.predict <- predict(lda.res)
> lda.predict
$class
[1] yes yes no  no  yes yes no  no
Levels: no yes

$posterior
           no           yes
1 1.358316e-04 9.998642e-01
2 2.350001e-08 1.000000e+00
3 9.999999e-01 1.252082e-07
4 9.992767e-01 7.232869e-04
5 2.006802e-04 9.997993e-01
6 7.722117e-08 9.999999e-01
7 1.000000e+00 7.995346e-09
8 9.999317e-01 6.828594e-05

$x
        LD1
1   1.757049
2   3.466412
3  -3.136277
4  -1.426915
5   1.680018
6   3.231650
7  -3.679165
8  -1.892771
```

　ここで，$class の下にデータごとの判別結果が表示されている．
yes,yes,no,no,yes,yes,no,no と記載されており，判別式を決定するために用
いた元データの通り正確に判別されていることがわかる．また，$posterior
の下には，no と yes に対する真偽値が示されている．例えば，1 のところで
no の下の値は 1.358316e-04, yes の下の値は 9.998642e-01 となっている．
これは，no の真偽値が 0 に近く，ほとんど偽であるのに対して，yes の真偽
値は 1 に近くほとんど真であることを示している．

(4) 実験データに対する判別分析

　学習に用いていないデータ（実験データ）について判別を行う．まず，判別
対象のデータが次のように与えられているとする．

$$x_1^u = \{150, 200, 110, 70, 220, 240, 130, 60\} \tag{4.7}$$

$$x_2^u = \{8, 10, 8, 6, 12, 12, 9, 5\} \tag{4.8}$$

実験データを定義するために，コマンド c() と data.frame() を用いて以下のように入力し，データ da.data2 を準備する．

```
> x1 <- c(150,200,110,70,220,240,130,60)
> x2 <- c(8,10,8,6,12,12,9,5)
> da.data2 <- data.frame(x1,x2)
> da.data2
   x1 x2
1 150  8
2 200 10
3 110  8
4  70  6
5 220 12
6 240 12
7 130  9
8  60  5
```

lda.res で決定した判別式を用いて da.data2 のデータの判別を行うためには，コマンド predict() を用いて次のように入力する．ここで，predict(lda.res, da.data2) は lda.res で作成した判別式を用いてデータ da.data2 を判別することを意味している．

```
> lda.predict2 <- predict(lda.res, da.data2)
> lda.predict2
$class
[1] no  no  no  yes no  no  no  yes
Levels: no yes

$posterior
            no          yes
1 9.999987e-01 1.327077e-06
2 1.000000e+00 1.928028e-13
3 9.835283e-01 1.647173e-02
4 9.193653e-05 9.999081e-01
5 1.000000e+00 3.335197e-17
6 1.000000e+00 2.968888e-19
7 9.999792e-01 2.078182e-05
8 1.209293e-06 9.999988e-01

$x
        LD1
1 -2.6704211
2 -5.7773533
3 -0.8069954
4  1.8340804
5 -7.4867162
6 -8.4184291
7 -2.1275333
8  2.6887619
```

42 第I部 多変量解析

この結果から，8つのデータに対して，no,no,no,yes,no,no,no,yes と判別
されていることがわかる．

(5) データのプロット

説明変数 x1，x2 を縦軸と横軸にとって散布図を描くことを考える．このと
き，学習データのうち健康データを青色で，不健康データを赤色で表示する．
さらに，判別データのうちで健康データを緑色で，不健康データを黄色で表示
する．このために以下のように入力する．

```
> plot(da.data$x1,da.data$x2,col=ifelse(lda.predict$posterior[,1]
<0.5, "blue" ,"red"))
> par(new=T)
> plot(da.data2$x1,da.data2$x2,col=ifelse(lda.predict2$posterior[
,1]<0.5, "green" ,"yellow"))
```

plot(da.data$x1,da.data$x2,col=ifelse(lda.predict$posterior
[,1]< 0.5, "blue", "red")) において，da.data$x1, da.data$x2 は，
データ da.data に含まれる変数 x1 を横軸に，変数 x2 を縦軸にとって散布図
を描くことを意味している．変数 col はデータ点の色 (color) を指定してい
る．判別結果の真偽値 lda.predict@posterior[,1] が 0.5 より小さい場
合は青色 ("blue") で，そうでなければ赤色 ("red") で描くことを意味する．

par(new=T) は重ね書きすることを指定している．

plot(da.data2$x1,da.data2$x2,col=ifelse(lda.
predict2$posterior[,1]<0.5, "green", "yellow")) は，データ
lda.data2 にある変数 x1 を横軸に，変数 x2 を縦軸にとって散布図を描く
ことを意味している．このとき，データの変数 y の判別結果の真偽値 lda.
predict2@posterior[,1] が 0.5 より小さい場合は緑色 ("green") で，
そうでなければ黄色 ("yellow") で描く．

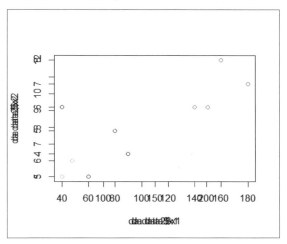

図 4.2 判別データと実験データのプロット

(6) 2次判別式の生成

コマンドを利用するために，ライブラリ MASS を読み込む．続いて，2次判別関数を決定するためにコマンド qda() を利用する．

```
> library(MASS)
> qda.res <- qda(y~., data=da.data)
> qda.res
Call:
qda(y ~ ., data = da.data)

Prior probabilities of groups:
 no yes
0.5 0.5

Group means:
       x1   x2
no  157.5 6.75
yes  67.5 4.50
```

qda.res で決定した判別式を用いて判別式の決定に用いたデータを判別するためには，コマンド predict() を用いて次のように入力する．

44 第Ⅰ部 多変量解析

```
> qda.predict <- predict(qda.res)
> qda.predict
$class
[1] yes yes no  no  yes yes no  no
Levels: no yes

$posterior
            no          yes
1 6.602434e-05 9.999340e-01
2 3.240090e-07 9.999997e-01
3 1.000000e+00 2.222867e-09
4 9.998966e-01 1.033548e-04
5 9.558840e-04 9.990441e-01
6 2.892339e-13 1.000000e+00
7 1.000000e+00 2.502643e-10
8 9.999906e-01 9.411383e-06
```

　qda.res で決定した判別式を用いて da.data2 のデータの判別を行うためには，コマンド predict() を用いて次のように入力する．

```
> qda.predict2 <- predict(qda.res,da.data2)
> qda.predict2
$class
[1] no  no  yes yes no  no  no  yes
Levels: no yes

$posterior
            no          yes
1 9.999999e-01 7.227693e-08
2 1.000000e+00 7.887670e-18
3 4.887409e-01 5.112591e-01
4 3.858247e-07 9.999996e-01
5 1.000000e+00 5.831619e-24
6 1.000000e+00 1.201109e-27
7 9.997960e-01 2.040208e-04
8 4.493252e-08 1.000000e+00
```

4.5 ◆ 問題

　新しい自動車の市場調査のために，購入したいかどうかをユーザーにアンケート調査したところ，以下のような結果となった．

表 4.3　問題

年齢	性別	購入するか？
25	男	yes
35	女	no
70	男	no
50	女	no
30	女	no
20	女	yes
40	男	yes

① このデータから 2 次判別関数を決定しなさい．

② 20 歳男性，25 歳女性，45 歳女性，50 歳男性，60 歳男性，60 歳女性，70 歳女性が購入する可能性を予想しなさい．

第 **5** 章

クラスタリング

5.1 ◆ クラスタリングとは

クラスタリングとは与えられたデータ（または，要素）を外的基準なしに自動的に分類する手法であり，クラスタ解析，クラスタ分析等とも呼ばれる．階層型クラスタリング手法と，非階層型（分割最適化）クラスタリング手法に大別される．

階層型クラスタリング手法では，データの非類似度が小さいもの（類似度が高いもの）から同じグループにまとめていき，小さなクラスタから大きなクラスタにしていく．非階層型（分割最適化）クラスタリング手法では，あらかじめクラスタ数を定めて，そのクラスタ数にあうように適切にデータをまとめる．

クラスタの総数を事前に与えてからクラスタリングするためには後者を，そうでない場合には前者を用いる．前者においては，データの非類似度の測定方法にいくつかの方法がある．

(1) クラスタ

分類されたデータの部分集合をクラスタと呼ぶ．クラスタに重なりがない場合，つまり，複数のクラスタに属するデータが存在しない場合をハード（クリスプ）なクラスタと呼ぶ．一方，クラスタに重なりがある場合，つまり，複数のクラスタに属するデータが存在する場合をソフト（ファジィ）なクラスタと呼ぶ．

(2) クラスタリング手法

クラスタリング手法は，階層的クラスタリングと非階層的（最適）クラスタリングに分類できる．

階層的クラスタリングでは，クラスタリングする複数のデータについて，何らかの基準に従って近いものから順番にクラスタにまとめていく．それぞれ1つのデータだけが属するクラスタからなる分類から，最終的には，全てのデータを有する1つのクラスタまでの階層的なクラスタの構造が決定される．このとき，クラスタをまとめるための基準となる非類似度には，最短距離法，最長

距離法，群平均法，ウォード（Ward）法などがある．

　分割最適化クラスタリングでは，分割の良さを表す評価関数を定め，評価関数を最適化するようなクラスタ分割を探索する．この代表的な方法として，k-means法（k近傍法）がある．

5.2 ◆ 階層的クラスタリング

(1) 処理プロセス

　N 個のデータを階層的クラスタリングで分類するプロセスは以下のようになる．この場合，最初はそれぞれが1つのデータだけを有する N 個のクラスタから始まり，最終的には，N 個のデータを有する1つのクラスタとなる．

① N 個のデータのうちの1つずつだけを含む N 個のクラスタ群を定義する．
② 全てのクラスタ同士の距離（または，非類似度）を計算する．
③ 距離の最も近い（非類似度の最も小さい）クラスタを併合する．
④ クラスタ数が1より大きい場合，③の処理を繰り返す．
⑤ 全要素が1つのクラスタに含まれるようになれば終了する．
⑥ 結果をデンドログラム（樹形図）としてまとめて表示する．

(2) 非類似度の評価方法

　データ点のベクトルの成分は，身長や体重などの量的変数と色や出身地などの質的変数からなる．これらのデータ点の類似性は，両者の距離（ユークリッド距離）の大小で比較することができる．任意の2つのデータの説明変数ベクトルを x_1 及び x_2 とすると，これらデータの距離 $d(x_1, x_2)$ は次式で与えられる．

$$x_1 = \{x_1{}^1, x_2{}^1, \cdots, x_M{}^1\} \tag{5.1}$$

$$x_2 = \{x_1{}^2, x_2{}^2, \cdots, x_M{}^2\} \tag{5.2}$$

$$d(x_1, x_2) = \sqrt{(x_1{}^2 - x_1{}^1)^2 + (x_2{}^2 - x_2{}^1)^2 + \cdots + (x_M{}^2 - x_M{}^1)^2} \tag{5.3}$$

ここで，M は説明変数の総数である．

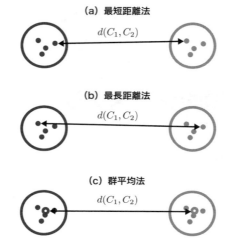

図 5.1 階層的クラスタリングにおける非類似度の例

データ点は式（5.3）より簡単に求めることができる．しかし，階層的クラスタリングでは，複数のデータ点からなるクラスタと別のデータ点または別のクラスタとの距離を計算しなければならない．このように，クラスタ同士の類似性を評価するために非類似度を用いる．非類似度の計算方法にはいくつかの方法があるが，比較的よく利用する方法として以下のような方法がある．

● 最短距離法（最近隣法）

各クラスタに含まれるデータのうちで最も距離の近いデータを選び，それらの距離を 2 つのクラスタの距離とする．**図 5.1(a)** において，2 つのクラスタを C_1, C_2 とし，クラスタ C_1 に含まれる任意のデータを x_1，クラスタ C_2 に含まれる任意のデータを x_2 とする．要素間距離を $d(x_1, x_2)$ とするとクラスタ距離 $d(C_1, C_2)$ は次式で定義される．

$$d(C_1, C_2) = \min_{x_1 \in C_1, x_2 \in C_2} d(x_1, x_2) \tag{5.4}$$

● 最長距離法（最遠隣法）

各クラスタに含まれるデータのうちで最も距離の遠いデータを選び，それらの距離を2つのクラスタの距離とする．**図 5.1(b)** において，クラスタに含まれる要素のうち，最も遠いものの距離を2つのクラスタの距離とする．

$$d(C_1, C_2) = \max_{x_1 \in C_1, x_2 \in C_2} d(x_1, x_2) \tag{5.5}$$

● 群平均法

2つのクラスタに含まれる全データの距離の平均をクラスタ間距離とする．

$$d(C_1, C_2) = \frac{1}{|C_1||C_2|} \sum_{x_1 \in C_1} \sum_{x_2 \in C_2} d(x_1, x_2) \tag{5.6}$$

ここで $|C_1|$ は，クラスタ C_1 に含まれる要素数を示す．

● ウォード（Ward）法

ウォード（Ward）法では，クラスタに含まれる各対象から，その対象を含むクラスタのセントロイドまでの距離の二乗の総和を最小化する．

$$d(C_1, C_2) = E(C_1 \cup C_2) - E(C_1) - E(C_2) \tag{5.7}$$

ここで

$$E(C_i) = \sum_{x \in C_i} (d(x, c_i))^2 \tag{5.8}$$

ただし，c_i は C_i の重心（クラスタ C_i に属するデータの平均値）を示す．

$$c_i = \frac{1}{|C_i|} \sum_{x \in C_i} x \tag{5.9}$$

5.3 ◆ k 平均法

非階層型（分割最適化）クラスタリングの代表的な方法として，k 平均法（k-means 法）を紹介する．この方法では，クラスタ C_i の重心 c_i（クラスタ C_i に属するデータの平均値）をそのクラスタの代表点として採用し，次の評価関数を最小化するように k 個のクラスタに分割する．

$$\sum_{i=1}^{k} \sum_{x \in C_i} (d(x, c_i))^2 \tag{5.10}$$

k 平均法のアルゴリズムは以下のようになる．

① k 個の代表点 $c_1, \cdots, c_k$ をランダムに選択する．
② X 中の全対象 x を $c^* = \arg\min_{c_i} d(x, c_i)$ となる代表点をもつクラスタ C^* に割り当てる．
③ 代表点への割り当てが変化しなければ処理を終了する．そうでなければ各クラスタの重心を代表点にして②へ戻る．

5.4 ◆ 例題

(1) 問題設定

4 つのデータ a, b, c, d を階層的クラスタリング法でクラスタリングする．各データは 2 つの説明変数で定義されており，次のように与えられている．

$$a(1, 2), b(2, 2), c(4, 4), d(6, 1) \tag{5.11}$$

(2) データの定義

コマンド c() と data.frame() を用いて上記のデータを次のように定義する．また，コマンド rownames() を用いてデータに名前（ラベル）"a", "b", "c", "d" を付けておく．

第5章 クラスタリング　53

```
> x<-c(1,2,4,6)
> y<-c(2,2,4,1)
> cls.data<-data.frame(x,y)
> rownames(cls.data)<-c("a","b","c","d")
> cls.data
  x y
a 1 2
b 2 2
c 4 4
d 6 1
```

(3) データ間距離の計算

コマンド dist() を用いてデータ間のユークリッド距離を計算し，その結果を変数 data.dist に入力する．

```
> data.dist<-dist(cls.data)
> data.dist
          a         b         c
b 1.000000
c 3.605551 2.828427
d 5.099020 4.123106 3.605551
```

データ間の距離は縦横のデータ名の交点に表示されている．例えば，データ a と b の距離は両者の交点にある 1.000000 である．

(4) 階層的クラスタリングによるデータのクラスタリング

データのクラスタリングにはコマンド hclust() を用いる．デフォルトの非類似度評価方法は，最長距離法（最遠隣法）である．

```
> cls.res <- hclust(data.dist)
> cls.res

Call:
hclust(d = data.dist)

Cluster method   : complete
Distance         : euclidean
Number of objects: 4
```

Cluster method, Distance, Number of objects は, それぞれクラスタの非類似度の評価方法, 距離の定義, データ点の総数を示す. complete は, 最長距離法を用いたことを示しており, euclidean はユークリッド (Euclid) 距離であることを示している.

分析結果を表示するにはコマンド summary() を用いる.

```
> summary(cls.res)
            Length Class  Mode
merge       6      -none- numeric
height      3      -none- numeric
order       4      -none- numeric
labels      4      -none- character
method      1      -none- character
call        2      -none- call
dist.method 1      -none- character
```

データの樹形図を表示する。

```
> plot(cls.res)
```

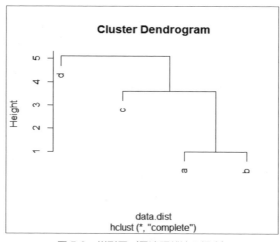

図 5.2　樹形図 (最遠距離法の場合)

クラスタリングの非類似度評価方法には以下の方法がある．

表 5.1 非類似度評価方法

記号	名称
single	最近距離法
complete	最遠距離法
average	群平均法
centroid	重心法
median	メディアン法
ward.D, ward.D2	ウォード（Ward）法
mcquitty	McQuitty 法

非類似度評価方法をウォード法に変更して実行するために次のように入力する．

```
> cls.res2<-hclust(data.dist, method="ward.D")
> cls.res2

Call:
hclust(d = data.dist, method = "ward.D")

Cluster method   : ward.D
Distance         : euclidean
Number of objects: 4

> plot(cls.res2)
```

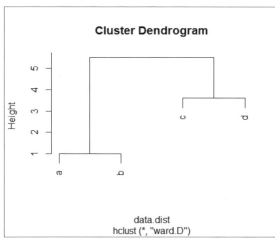

図 5.3 樹形図（ウォード法の場合）

(5) k近傍法によるデータのクラスタリング

コマンド k-means() を用いて以下のように入力する．ここではデータを 3 クラスタに分割することを考える．

```
> cls.res3<-kmeans(cls.data,3)
> cls.res3
K-means clustering with 3 clusters of sizes 1, 1, 2

Cluster means:
    x y
1 6.0 1
2 4.0 4
3 1.5 2

Clustering vector:
a b c d
3 3 2 1

Within cluster sum of squares by cluster:
[1] 0.0 0.0 0.5
 (between_SS / total_SS =  97.4 %)

Available components:

[1] "cluster"       "centers"       "totss"         "withinss"      "
tot.withinss"
[6] "betweenss"     "size"          "iter"          "ifault"
```

データが所属するクラスタ番号を確認するためには変数 cluster を表示する．

```
> cls.res3$cluster
a b c d
3 3 2 1
```

データ a, b, c, d は，それぞれクラスタ 3, 3, 2, 1 に所属することがわかる．これらのクラスタの中心座標は変数 centers で表示される．

```
> cls.res3$centers
    x y
1 6.0 1
2 4.0 4
3 1.5 2
```

クラスタ 1 を赤色，クラスタ 2 を青色，クラスタ 3 を緑色で表示するため

には次のように入力する．

```
> plot(cls.data$x,cls.data$y,col=ifelse(cls.res3$cluster==1,"red"
,ifelse(cls.res3$cluster==2,"blue","green")))
```

データ cls.data の変数 x を横軸に，データ cls.data の変数 y を縦軸にとってグラフを描く．ここで，col は色 (color) の指定を示している．データの属するクラスタ cls.res3$cluster が1のときは赤，2のときは青，そうでなければ緑で表示する．

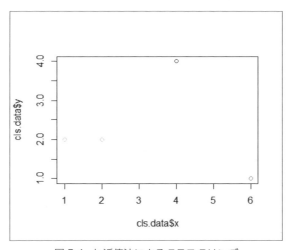

図 5.4　k 近傍法によるクラスタリング

5.5 ◆ 問題

Rには，いくつかの統計データがあらかじめ準備されている．この中に，弁護士によるアメリカの高等裁判所判事43名の評価データがある．これらの判事の特徴を分類することを考える．

```
> USJudgeRatings
                CONT INTG DMNR DILG CFMG DECI PREP FAMI ORAL
AARONSON,L.H.   5.7  7.9  7.7  7.3  7.1  7.4  7.1  7.1  7.1
ALEXANDER,J.M.  6.8  8.9  8.8  8.5  7.8  8.1  8.0  8.0  7.8
ARMENTANO,A.J.  7.2  8.1  7.8  7.8  7.5  7.6  7.5  7.5  7.3
BERDON,R.I.     6.8  8.8  8.5  8.8  8.3  8.5  8.7  8.7  8.4
BRACKEN,J.J.    7.3  6.4  4.3  6.5  6.0  6.2  5.7  5.7  5.1
BURNS,E.B.      6.2  8.8  8.7  8.5  7.9  8.0  8.1  8.0  8.0
```

判事の氏名に続けて，次の変数が記載されている．

- CONT…弁護士が裁判官と接触した回数
- INTG…判決の無欠性
- DMNR…態度
- DILG…勤勉
- CFMG…裁判の進行管理
- DECI…迅速な判決
- PREP…裁判に備える準備
- FAMI…法律に熟知
- ORAL…口頭による適切な判決
- WRIT…書面による適切な判決
- PHYS…身体的能力
- RTEN…人物性

最高裁判事を階層的クラスタリングによって分析し，樹形図を作成しなさい．

第 II 部

機械学習

第 6 章　機械学習
第 7 章　ニューラルネットワーク
第 8 章　サポートベクターマシン (SVM)
第 9 章　ベイズ推定
第 10 章　自己組織化マップ
第 11 章　決定木
第 12 章　深層学習

統計分析手法は長く研究され，実績のあるデータ分析方法である．近年では，Web などのインターネットやコンピュータを利用することで，これまでとは比較にならない膨大な量のデータを収集できるようになっている．そのようなデータに対して判別分析や回帰分析を適用し，必要なデータの関係性を求めることが求められている．特に，これを実時間で実施するにはコンピュータを用いて処理する必要がある．そこで，このような目的のために機械学習手法が研究・応用されている．この中でも特に注目を集めている方法には，ニューラルネットワーク（NN），サポートベクターマシン（SVM），ベイズ推定，決定木などがある．さらにニューラルネットワークの分野では，最近特に注目を集めている深層学習についても理解しておくほうがよい．ただし，これらの分野は日進月歩であるから，ここではほんの一部を扱っているだけであることを理解してほしい．

　第Ⅱ部は次の章からなっている．第 6 章は機械学習について概観する．第 7 章は，3 層構造のマルチレイヤーパーセプトロンモデルに基づくニューラルネットワークについて，第 8 章は，サポートベクターマシン（SVM）について，第 9 章は，ベイズ推定について紹介する．第 10 章はニューラルネットワークの応用の 1 つである自己組織化マップについて述べる．第 11 章は決定木について述べる．第 12 章は深層ニューラルネットワークである．

第 **6** 章

機械学習

6.1 ◆ 機械学習とは

機械学習（Machine Learning, ML）の目的は，データの特徴を発見・定量化するとともに，その関係式を用いて予測を行うことである．その手法は，検索エンジン，医療診断，金融経済分析，バイオインフォマティックス，パターン認識，ロボット制御など，様々な分野に応用されている．

6.2 ◆ 人工知能と機械学習

人工知能（Artificial Intelligence, AI）とは，人間と同様の知能をコンピュータ上などで実現しようとする研究や技術の総称である．人間の知能をコンピュータ上で実現しようとする研究と，人間が知能を使って実現することを機械にさせようとする研究に大別される．エキスパートシステム，機械学習，進化的計算，音声認識，画像認識，自然言語処理，推論，探索など，様々な研究分野を含んでいる．

このように，機械学習（Machine Learning）とは人工知能における研究課題の1つであり，人間が自然に行っている学習能力と同様の機能をコンピュータで実現しようとする技術・手法である．収集したデータから意味のある法則を見つけ出すことから，人工知能のほとんどの分野で用いられている．機械学習で用いられる手法としては，決定木（Decision Tree），相関ルール学習（Association Rule Learning），ニューラルネットワーク（Neural Network, NN），サポートベクターマシン（Support Vector Machine, SVM），ベイジアンネットワーク（Bayesian Network, BN），強化学習（Reinforcement Learning）などがある．近年，音声画像処理などで注目を集めている深層学習（Deep Learning, DL）の研究の多くは，複雑なネットワーク構造を有するニューラルネットワークである．従来のニューラルネットワークが3層構造であったのに対して，深層ニューラルネットワークは4層以上の構造を有している．従来，複雑なネットワーク構造ならば高い性能を有することは予想され

第6章 機械学習　63

ていたが，計算コストやモデルパラメータの学習などにおいて問題があった．それを解決したことで，深層学習または深層ニューラルネットワークが実現された．

6.3 ◆ 機械学習と深層学習

第Ⅰ部では，多変量解析の手法について述べた．多変量解析とは，複数の説明変数からなるデータ群を分析する手法である．回帰分析，主成分分析，判別分析，クラスタリング（クラスタ分析）を紹介した．分析データが少ない場合には，多変量解析を用いることが多い．多変量解析の第1段階は，目的変数を説明変数の関数として定義することである．このときに用いる関数には，線形関数，または，非線形であっても比較的簡単な関数を用いることが多い．解析に用いるデータが少ない場合は，複雑な非線形関数式を決定できないからである．しかし，最近では，情報通信技術の発達によって，大量のデータを入手して分析することが可能となっている．これによって，従来の多変量解析とは異なる機械学習の手法が広く用いられるようになっている．

機械学習の手法として，当初の回帰分析や判別分析に広く用いられたのはニューラルネットワーク（Neural Network, NN）である．ニューラルネットワークとは脳の機能を数理モデル化したものであるが，その研究の始まりは1940年代までさかのぼることができる．最初にブーム1960年頃に提案されたパーセプトロンである．このモデルは線形分離問題だけしか解析できないという欠点が指摘され，いったん研究が下火となった．しかし，1980年代に入って，マルチレイヤーパーセプトロンモデルと誤差逆伝播法によるパラメータ決定法が様々な問題に適用され，脚光を浴びた．その後，再び研究は下火となったが，近年，深層学習の手法として特に画像処理において非常に高精度な判別性能を発揮することから広く研究されている．

深層学習によるニューラルネットワーク研究の第2のブームと第3のブームの間に研究が進み，応用研究がなされていたものに決定木（Decision Tree），

サポートベクターマシン（Support Vector Machine, SVM），ベイジアンネットワーク（Bayesian Network, BN）等がある．サポートベクターマシンは，パターン認識モデルの一種であって，判別分析や回帰分析などに広く利用されている．ベイジアンネットワークは，確率変数間の条件付き依存関係を非循環有向グラフでモデル化しており，過去データから求める変数間の依存関係から将来の事象の発生確率を推定する．

　これらのモデルにおいてモデルパラメータを決定する手法には教師あり学習と教師なし学習がある．教師あり学習は，あらかじめ正解のデータを用意して関係式を決定する手法であり，教師なし学習は，正解のデータを必要としない手法である．

　第Ⅱ部では，これらの手法について説明する．

第 **7** 章

ニューラルネットワーク

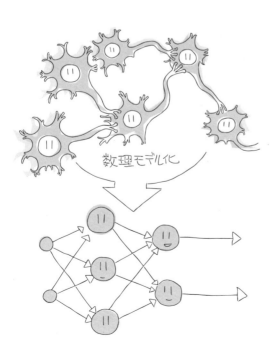

7.1 ニューラルネットワークとは

ニューラルネットワークとは，生体の脳における特性を数理モデル化したものである．音声，画像，図形，文字などのパターン認識，音声認識などに広く用いられている．近年では，深層学習で用いられるディープニューラルネットワーク（DNN）として広く画像分析などに適用されている．ディープニューラルネットワーク（DNN）の説明は後の章に譲るとして，本章では，基本的なニューロンモデルと，3層からなるマルチレイヤーパーセプトロンモデルについて紹介する．

(1) 形式ニューロン

入力変数が $x = \{x_1, x_2, \cdots\}^T$ と出力 y の関係は次式で与えられる．

$$y = g\left(\sum_{i=1}^{n} w_i x_i(t) - \theta\right) \tag{7.1}$$

ここで，$\boldsymbol{w} = \{w_1, w_2, \cdots\}^T$ は重み係数，θ は閾値，g は伝達関数を示す．形式ニューロンでは，伝達関数としてステップ関数が用いられる．

$$g(u) = \begin{cases} 1 & u > 0 \\ 0 & \text{Otherwise} \end{cases} \tag{7.2}$$

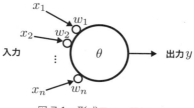

図 7.1　形式ニューロン

(2) パーセプトロン

形式ニューロンのモデルを元に，入力層，中間層，出力層の3層からなるパーセプトロン（単純パーセプトロン）が提案された．このモデルでは，入力層と中間層の間は線形に接続されており，パラメータ学習は中間層と出力層の間で行われる．

パーセプトロンを**図7.2**に示す．左から入力層，中間層，出力層と呼ばれる．入力変数 $\boldsymbol{x} = \{x_1, x_2, \cdots, x_L\}^T$，中間変数 $\boldsymbol{u} = \{u_1, u_2, \cdots, u_M\}^T$，出力変数 $\boldsymbol{y} = \{y_1, y_2, \cdots, y_N\}^T$ とすると，変数の関係式は次式で与えられる．

$$u_j = g\left(\sum_i w_{ij} x_i - \theta_j\right) = g(\boldsymbol{w}^t \boldsymbol{x} - \theta_j) \tag{7.3}$$

$$y_k = g\left(\sum_i v_{kj} u_j - \Theta_k\right) = g(\boldsymbol{v}^t \boldsymbol{u} - \Theta_k) \tag{7.4}$$

ここで，$\boldsymbol{w}$ と $\boldsymbol{v}$ は重み係数を，θ_j と Θ_k は閾値を示す．

伝達関数にはステップ関数が用いられる．また，入力層と中間層の間の係数は固定されており，学習においては中間層と出力層の間のパラメータが更新される．

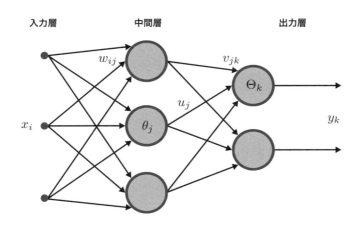

図7.2　パーセプトロンモデル

（3）マルチレイヤーパーセプトロンと誤差逆伝播学習

マルチレイヤーパーセプトロン（MLP）は，パーセプトロンに基づきニューロンモデルの 3 層構造からなっており，入力変数 $x = \{x_1, x_2, \cdots, x_L\}^T$，中間変数 $u = \{u_1, u_2, \cdots, u_M\}^T$，出力変数 $y = \{y_1, y_2, \cdots, y_N\}^T$ の間の関係は次式で与えられる．

$$u_j = g\left(\sum_i w_{ij} x_i - \theta_j\right) = g(\boldsymbol{w}^T \boldsymbol{x} - \theta_j) \tag{7.5}$$

$$y_k = g\left(\sum_i v_{kj} u_j - \Theta_k\right) = g(\boldsymbol{v}^T \boldsymbol{u} - \Theta_k) \tag{7.6}$$

ただし，伝達関数にはステップ関数ではなく連続関数であるシグモイド関数を用いる．

$$g(u) = \frac{1}{1 + e^{-u}} \tag{7.7}$$

誤差逆伝搬法は，マルチレイヤーパーセプトロン（MLP）の重み係数や閾値を決定するために用いられる．この方法では，あらかじめ正しい入力データと出力データの組を多数用意しておく．重み係数や閾値といったパラメータ値をランダムに与えて解析を行い，その結果が正しい出力値に近づくようにパラメータ値を修正する．

パラメータをランダムに与えたときの出力値を y_k'，正しい出力値を y_k とすると，誤差は次式で定義できる．

$$E = \frac{1}{2} \sum (y_k' - y_k)^2 \tag{7.8}$$

この誤差を最小化するように，最急降下法によってパラメータを更新する．

$$w_{ij} \leftarrow w_{ij} - \alpha \frac{\partial E}{\partial w_{ij}} \tag{7.9}$$

$$v_{kj} \leftarrow v_{kj} - \alpha \frac{\partial E}{\partial v_{kj}} \tag{7.10}$$

$$\theta_j \leftarrow \theta_j - \alpha \frac{\partial E}{\partial \theta_j} \tag{7.11}$$

$$\Theta_k \leftarrow \Theta_k - \alpha \frac{\partial E}{\partial \Theta_k} \tag{7.12}$$

ここで，α は学習率である．

アルゴリズムは次のようになる．

① 入力 x に対する正しい出力 y のセット（教師信号）を多数用意する．
② 重み w と閾値 θ をランダムに与える．
③ 入力 x を与えて出力 y' を得る．
④ 得られた出力 y' と教師信号 y の差を最小にするようにパラメータを更新する．
⑤ ③，④を繰り返す．

7.2　例題 1（判別分析）

(1) 練習問題

　練習問題として，AND 回路を構成するニューロンを定義する．AND 回路は 2 入力 1 出力である．入力を x_1，x_2，出力を y とすると，AND 回路は次のようになる．

x_1	x_2	y
1	1	1
1	0	0
0	1	0
0	0	0

　この場合，MLP モデルは**図 7.3** のようになる．

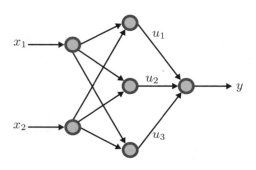

図 7.3 AND 回路に関する MLP モデル

(2) 判別関数の決定と判別

単回帰分析の場合，目的変数 y は値として 0, 1 をとる．この問題では，説明変数は 2 つで，変数 x_1 と x_2 である．ニューラルネットワークを用いて決定した判別関数を g_{NN} と名付ける．

$$y = g_{NN}(x_1, x_2) \tag{7.13}$$

データ点が $\{x_1, x_2\} = \{a, b\}$ で与えられるとき，次式によって判別を行う．

$$\begin{aligned} g_{NN}(a,b) < 0.5 &\rightarrow 0 \\ g_{NN}(a,b) \geq 0.5 &\rightarrow 1 \end{aligned} \tag{7.14}$$

(3) 学習データの準備

練習問題における入力変数と出力変数を定義する．

```
> x1<-c(1,1,0,0)
> x2<-c(1,0,1,0)
> y<-c(1,0,0,0)
> nn.data<-data.frame(x1,x2,y)
> nn.data
  x1 x2 y
1  1  1 1
2  1  0 0
3  0  1 0
4  0  0 0
```

（4）ニューラルネットワークの学習

　ニューラルネットワークを利用するためにライブラリ nnet を読み込む．続いて，コマンド nnet() を用いて，3 層構造のニューラルネットワークにおいて，中間層のノード数を 3 として判別式を学習する．

```
> library(nnet)
>
> nn.res <- nnet(y~.,data=nn.data,size=3)
# weights:  13
initial  value 0.767986
iter  10 value 0.305628
final  value 0.000000
converged
>
> nn.res
a 2-3-1 network with 13 weights
inputs: x1 x2
output(s): y
options were -
```

　コマンド nnet() において，data=nn.data はデータ nn.data を利用することを示す．size=3 は中間層のノード数が 3 であることを，y~. は変数 y を目的変数として関係式を決定することを示している．#weights:　13 は，パラメータが 13 種類あることを示している．その次の initial　value 0.767986 以降はニューラルネットワークの学習のための反復計算の様子を示しており，最終的には収束している（converged）ことがわかる．

　パラメータ値を表示するためには，コマンド summary() を用いる．

```
> summary(nn.res)
a 2-3-1 network with 13 weights
options were -
 b->h1 i1->h1 i2->h1
 10.42 -86.52 -83.01
 b->h2 i1->h2 i2->h2
-19.47  14.71  17.26
 b->h3 i1->h3 i2->h3
  6.24 -79.79 -88.24
  b->o  h1->o  h2->o  h3->o
-36.00   7.21  45.11  -5.21
```

ここで，13種類のパラメータが表示されている．その他の情報については，コマンド str() を利用して表示することができる．

```
> str(nn.res)
List of 18
 $ n         : num [1:3] 2 3 1
 $ nunits    : int 7
 $ nconn     : num [1:8] 0 0 0 0 3 6 9 13
 $ conn      : num [1:13] 0 1 2 0 1 2 0 1 2 0 ...
 $ nsunits   : int 7
```

(5) 実験データの判別

次のデータを判別することを考える．

x_1	x_2
0.5	0.5
0.5	1.5
1.5	0.5
1.5	1.5

コマンド c() と data.frame() を用いて実験データを定義する．

```
> x1<-c(0.5,0.5,1.5,1.5)
> x2<-c(0.5,1.5,0.5,1.5)
> nn.data2<-data.frame(x1,x2)
> nn.data2
   x1   x2
1 0.5 0.5
2 0.5 1.5
3 1.5 0.5
4 1.5 1.5
```

上記のデータを判別するためにコマンド predict() を用いる．

```
> nn.pred.res<-predict(nn.res,nn.data2)
> nn.pred.res
       [,1]
1 0.0000000
2 0.9998885
3 0.9998885
4 0.9998885
```

ここで predict(nn.res,nn.data2) とは，nn.res で決定した判別ルールを用いて nn.data2 を判別することを意味している．

(6) データの表示

学習データのうちで真と判別されたもの（0.5 より大きなもの）を青色で，偽と判別されたもの（0.5 以下のもの）を赤色で表示する．さらに，実験データのうちで真と判別されたもの（0.5 より大きなもの）を緑色で，偽と判別されたもの（0.5 以下のもの）を黄色で表示する．このために以下のように入力する．

```
> plot(nn.data$x1,nn.data$x2,col=ifelse(nn.data$y>0.5,"blue","red
"),xlim=c(0,2),ylim=c(0,2),xlab="x coordinate",ylab="y coordinate
")
> par(new=T)
> plot(nn.data2$x1,nn.data2$x2,col=ifelse(nn.pred.res[,1]>0.5,"gr
een","yellow"),xlim=c(0,2),ylim=c(0,2),axes=F,xlab="",ylab="")
```

1 行目は，学習データのうちで真と判別されたもの（0.5 より大きなもの）を青色で，偽と判別されたもの（0.5 以下のもの）を赤色で表示する．具体的には，nn.data$x1 を横軸，nn.data$x2 を縦軸としてグラフを描くことを意味している．col はグラフの色を意味しており，ifelse(nn.data$y>0.5,"blue","red") で示されているように，nn.data$y の値が 0.5 より大きければ青色（"blue"），そうでなければ赤色（"red"）で表示することを意味している．xlim=c(0,2) は横軸を 0 〜 2 で，ylim=c(0,2) は縦軸を 0 〜 2 で記載することを意味している．xlab="x coordinate" と ylab="y coordinate" は，それぞれ横軸と縦軸のラベルを定義している．

2 行目の par(new=T) は重ね書きするときに，前のグラフを消さないように指定している．

最後の行は，判別データのうちで真と判別されたもの（0.5 より大きなもの）を緑色で，偽と判別されたもの（0.5 以下のもの）を黄色で表示する．具体的には，nn.data2$x1 を横軸，nn.data2$x2 を縦軸としてグラフを描くことを意味している．col はグラフの色を意味しており，ifelse(nn.pred.

res[,1]>0.5,"green","yellow") で示されているように，nn.pred.res[,1] の値が 0.5 より大きければ緑色（"green"），そうでなければ黄色（"yellow"）で表示することを意味している．xlim=c(0,2) は横軸を 0 〜 2 で，ylim=c(0,2) は縦軸を 0 〜 2 で記載することを意味している．axes=F はグラフの軸を表示しないことを意味している．xlab="" と ylab="" は，それぞれ横軸と縦軸のラベルを表示させないことを意味している．

実際に表示されたものは以下のようになる．

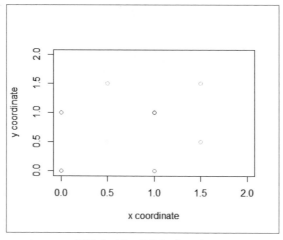

図 7.4　データ点のプロット

7.3　例題2（回帰分析）

（1）練習問題

　ニューラルネットワークで回帰分析することを考える．目的変数 y と説明変数 x_1, x_2 は，それぞれ以下のように与えられているものとする．

$$x_1 = \{38.78, 145.05, 152.69, 160.11, 165.37, 168.61\} \tag{7.15}$$

$$x_2 = \{33.54, 37.92, 43.52, 49.04, 53.41, 59.24\} \tag{7.16}$$

$$y = \{0.35, 8.88, 8.48, 7.92, 7.53, 7.56\} \tag{7.17}$$

（2）回帰関数の決定

　説明変数は2つで x_1 と x_2 である．これらによって目的変数 y を与える関数 g_{NN} を決定する．

$$y = g_{NN}(x_1, x_2) \tag{7.18}$$

（3）学習データの準備

　目的変数 y と説明変数 x_1, x_2 をベクトルデータとして定義する．

```
> x1 <- c(38.78 , 145.05, 152.69 , 160.11 , 165.37 , 168.61)
> x2 <- c(33.54 , 37.92 , 43.52 , 49.04 , 53.41 , 59.24)
> y <- c(.35 , 8.88 , 8.48 , 7.92 , 7.53 , 7.56)
```

　続いて，3つの変数データを変数 ra.data としてまとめるために，コマンド data.frame() を用いる．

```
> ra.data <- data.frame(x1,x2,y)
> ra.data
      x1    x2    y
1  38.78 33.54 0.35
2 145.05 37.92 8.88
3 152.69 43.52 8.48
4 160.11 49.04 7.92
5 165.37 53.41 7.53
6 168.61 59.24 7.56
```

（4）回帰式の決定

　目的変数 y を説明変数 x1，x2 についてニューラルネットワークで回帰分析する．このために，コマンド nnet() を用いて次のように入力する．

```
> nn.ra.res <- nnet(y~., data=ra.data, size=10, linout=TRUE, maxi
t=300)
# weights:  41
initial  value 218.616165
iter  10 value 49.081882
iter  20 value 1.288386
iter  30 value 1.068075
iter  30 value 1.068075
iter  30 value 1.068075
final  value 1.068075
converged
>
> nn.ra.res
a 2-10-1 network with 41 weights
inputs: x1 x2
output(s): y
options were - linear output units
```

　ここで，y~. は，y の回帰式を他の全ての変数を用いて定義することを示している．また，data=ra.data は，x1，x2，y がデータ ra.data のものであることを示している．size=10 は，中間層のノード数が 10 であることを示している．linout=TRUE は，回帰分析のときに指定する変数である．デフォルトは linout=FALSE であり，この場合は判別分析を行う．maxit=300 は，学習回数の最大値を指定する．デフォルトは maxit=100 となっている．

　コマンド nnet() による分析結果を表示するためには，コマンド summary() を用いる．

第7章　ニューラルネットワーク　　77

```
> summary(nn.ra.res)
a 2-10-1 network with 41 weights
options were - linear output units
 b->h1 i1->h1 i2->h1
  0.39  -0.06  -0.43
 b->h2 i1->h2 i2->h2
  0.53   0.45   0.68
 b->h3 i1->h3 i2->h3
 -0.19   0.61   0.30
 b->h4 i1->h4 i2->h4
 -0.20  -0.53   0.02
 b->h5 i1->h5 i2->h5
  0.62  -2.24   6.31
 b->h6 i1->h6 i2->h6
  0.31   0.43   0.02
 b->h7 i1->h7 i2->h7
  0.29   0.38   0.26
 b->h8 i1->h8 i2->h8
  0.30  -0.92  -0.80
 b->h9 i1->h9 i2->h9
  0.23  -0.19  -0.15
 b->h10 i1->h10 i2->h10
 -0.52   0.08   0.53
  b->o  h1->o  h2->o  h3->o  h4->o  h5->o  h6->o  h7->o
  1.59   0.63   1.26   1.77   0.55  -7.85   1.72   1.21
 h8->o  h9->o  h10->o
  1.00   0.13   0.65
```

切片を0として解析するときには次のように入力する.

```
> nn.ra.res2 <- nnet(y~.-1, data=ra.data, size=10, linout=TRUE, m
axit=300)
# weights:  41
initial  value 452.176801
iter  10 value 1.412882
iter  20 value 1.398335
final  value 1.398320
converged
```

(5) 予測値の計算

　学習に用いたデータの x1, x2 について, ニューラルネットワークで得られた回帰式によって計算するためにコマンド predict() を用いる.

```
> nn.ra.predict <- predict(nn.ra.res)
> nn.ra.predict
        [,1]
1 0.3499993
2 8.2025003
3 8.2025003
4 8.2025003
5 8.2025003
6 7.5600011
```

予測値と実測値を比較すると次のようになる.

```
> data.frame(ra.data, nn.ra.predict)
      x1    x2    y nn.ra.predict
1  38.78 33.54 0.35     0.3499993
2 145.05 37.92 8.88     8.2025003
3 152.69 43.52 8.48     8.2025003
4 160.11 49.04 7.92     8.2025003
5 165.37 53.41 7.53     8.2025003
6 168.61 59.24 7.56     7.5600011
```

学習データ以外の点の数値を求めることを考える. 回帰式から数値を計算する点を次のように与える.

$$x_1 = \{150, 160, 170\} \tag{7.19}$$
$$x_2 = \{35, 40, 50\} \tag{7.20}$$

上記の数値をまとめてデータ ra.data2 とする.

```
> x1 <- c(150,160,170)
> x2 <- c(35,40,50)
> ra.data2 <- data.frame(x1,x2)
> ra.data2
   x1 x2
1 150 35
2 160 40
3 170 50
```

コマンド predict() を用いて数値を計算する.

```
> nn.ra.predict2 <- predict(nn.ra.res, ra.data2)
> nn.ra.predict2
       [,1]
1 8.176619
2 7.043343
3 6.148644
```

第7章 ニューラルネットワーク　79

7.4　問題

(1) データセット iris を用いた判別問題

　R には，いくつかのデータセットが組み込まれている．このうちで，Fisher と Anderson によるアヤメの分類データセットである iris を用いる．データセット iris は，3 種類のアヤメについて，がく片（Sepal）と花弁（Petal）の長さと幅を収集したものである．登録されているデータの変数には，がく片の長さ，がく片の幅，花弁の長さ，花弁の幅，品種がある．品種は質的変数，他の 4 変数は量的変数となる．

　データセット iris を利用するためには data(iris) と入力する．データレコードのうち最初の数行だけを表示するために head(iris) と入力する．

```
> data(iris)
> head(iris)
  Sepal.Length Sepal.Width Petal.Length Petal.Width Species
1          5.1         3.5          1.4         0.2  setosa
2          4.9         3.0          1.4         0.2  setosa
3          4.7         3.2          1.3         0.2  setosa
4          4.6         3.1          1.5         0.2  setosa
5          5.0         3.6          1.4         0.2  setosa
6          5.4         3.9          1.7         0.4  setosa
```

　左から，がく片の長さ Sepal.Length，がく片の幅 Sepal.Width，花弁の長さ Petal.Length，花弁の幅 Petal.Width，品種 Species である．

　データセット iris から一部を学習用データセット，一部を実験用データセットに分けて保存する．データセットに含まれるデータの総数はコマンド nrow() で求めることができて，iris の場合は 150 個であることがわかる．

```
> nrow(iris)
[1] 150
```

　この 4/5 を学習用データセット，1/5 を実験用データセットとして保存することにする．1 〜 150 の数値のうち，ランダムに 120 個を選択するためにコマンド sample() を用いる．その結果を，変数 idex に保存する．

```
> idex <- sample(nrow(iris),nrow(iris)*4/5)
> idex
  [1] 104  93  18  79  46 107 110  30  17 133  20   6 121 111
 [15] 120  11  74  25  65 145  21  59 118 146  90 101 125 100
 [29]  47 143  82  51 129  15  52 105  99  70 131  31  69  34
 [43]  27   9   3 142  24  54 150 137  26 126 114   1 141  45
 [57]  37  50 124  94  43  68  91  16 147  55 112  61 103 102
 [71]   4  56   7  98 127 116 109  41  14  57 139  63  29 148
 [85]  22  84  19 149  32   5 106  36  88  72  66  42   2  87
 [99]   8  77  85  38  75 123  97 115 136  44  12  23  62  33
[113] 135 108  39  96  64  73 113  89
```

sample(nrow(iris),nrow(iris)*4/5) において，最初の nrow(iris) は 1 から nrow(iris)（= 150）までの値から一様乱数で整数値を選択することを意味している．2 番目の nrow(iris)*4/5（= 120）は，120 個の数値を選択することを意味している．

変数 idex に保存された数値のデータを学習用データセット iris.train.data に保存するため，次のように入力する．

```
> iris.train.data <- iris[idex,]
> nrow(iris.train.data)
[1] 120
> head(iris.train.data)
    Sepal.Length Sepal.Width Petal.Length Petal.Width
104          6.3         2.9          5.5         1.8
93           5.8         2.6          4.0         1.2
18           5.1         3.5          1.4         0.3
79           6.0         2.9          4.5         1.5
46           4.8         3.0          1.4         0.3
107          4.9         2.5          4.5         1.7
        Species
104   virginica
93   versicolor
18       setosa
79   versicolor
46       setosa
107   virginica
```

ここで，iris[idex,] は idex に保存された整数値を番号とするデータを示す．

続いて，学習用データセット iris.train.data に保存されなかったデータを実験用データセット iris.test.data に保存するため，次のように入力

する.

```
> iris.test.data <- iris[-idex,]
> nrow(iris.test.data)
[1] 30
> head(iris.test.data)
   Sepal.Length Sepal.Width Petal.Length Petal.Width Species
10          4.9         3.1          1.5         0.1  setosa
13          4.8         3.0          1.4         0.1  setosa
28          5.2         3.5          1.5         0.2  setosa
35          4.9         3.1          1.5         0.2  setosa
40          5.1         3.4          1.5         0.2  setosa
48          4.6         3.2          1.4         0.2  setosa
```

ここで, iris[-idex,] は idex に保存された整数値を番号とする数値データを除外したデータを示す.

2つのデータセットについて次の操作を行いなさい.

① 学習用データを用いて Species を目的変数, 他の4変数を説明変数として判別関数を決定しなさい.
② 決定した判別関数で実験用データについて判別を行いなさい.

(2) データセット ToothGrowth を用いた回帰分析

R に含まれるデータセット ToothGrowth には, 3種類のビタミン投与量と2種類の摂取方法におけるモルモットの歯の生長量の測定結果が登録されている.

データセット ToothGrowth を利用するためには data(ToothGrowth) と入力する. データレコードのうち最初の数行だけを表示するために head(ToothGrowth) と入力する.

82　第 II 部　機械学習

```
> data(ToothGrowth)
> head(ToothGrowth)
   len supp dose
1  4.2   VC  0.5
2 11.5   VC  0.5
3  7.3   VC  0.5
4  5.8   VC  0.5
5  6.4   VC  0.5
6 10.0   VC  0.5
```

　データセット ToothGrowth に登録されているデータの種類には，左から，歯の生長量 len，投与方法 supp，投与量 dose がある．len と dose は量的変数である．supp は質的変数であって，VC（アスコルビン酸）と OJ（オレンジジュース）の 2 つの値をとる．

　データセット ToothGrowth から一部を学習用データセット，一部を実験用データセットに分けて保存する．データセットに含まれるデータの総数は nrow() で求めることができて，ToothGrowth の場合は 60 個であることがわかる．

```
> nrow(ToothGrowth)
[1] 60
```

　この 4/5 を学習用データセット，1/5 を実験用データセットとして保存することにする．1 〜 60 の数値のうち，ランダムに 48 個を選択するためにコマンド sample() を用いる．その結果を，変数 idex2 に保存する．

```
> idex2 <- sample(nrow(ToothGrowth),nrow(ToothGrowth)*4/5)
> idex2
 [1] 21 52 53 57  6 55 33 36 48 12 14 37 43 41 38 46 54 29 60
[20]  1 49 51 56 13 34 30  4 15 32 16 31 39 45  2 10 26  9 50
[39] 42 58 11 40 18 17 59  3 20  7
```

　sample(nrow(ToothGrowth),nrow(ToothGrowth)*4/5) において，最初の nrow(ToothGrowth) は 1 から nrow(ToothGrowth)（= 60）までの値から一様乱数で整数値を選択することを意味している．2 番目の nrow(ToothGrowth)*4/5（= 48）は，48 個の数値を選択することを意味している．

変数 idex2 に保存された数値のデータを学習用データセット ToothGrowth.train.data に保存するため，次のように入力する．

```
> ToothGrowth.train.data <- ToothGrowth[idex2,]
> nrow(ToothGrowth.train.data)
[1] 48
> head(ToothGrowth.train.data)
    len supp dose
21 23.6   VC  2.0
52 26.4   OJ  2.0
53 22.4   OJ  2.0
57 26.4   OJ  2.0
6  10.0   VC  0.5
55 24.8   OJ  2.0
```

ここで，ToothGrowth[idex2,] は idex2 に保存された整数値を番号とするデータを示す．60 個のデータのうち，4/5 の 48 個のデータが登録されていることがわかる．

続いて，学習用データセット ToothGrowth.train.data に保存されなかったデータを実験用データセット ToothGrowth.test.data に保存するため，次のように入力する．

```
> ToothGrowth.test.data <- ToothGrowth[-idex2,]
> nrow(ToothGrowth.test.data)
[1] 12
> head(ToothGrowth.test.data)
    len supp dose
5   6.4   VC  0.5
8  11.2   VC  0.5
19 18.8   VC  1.0
22 18.5   VC  2.0
23 33.9   VC  2.0
24 25.5   VC  2.0
```

ここで，ToothGrowth[-idex2,] は idex2 に保存された整数値を番号とする数値データを除外したデータを示す．

2 つのデータセットについて次の操作を行いなさい．

① 学習用データを用いて len を目的変数，他の 2 変数を説明変数として回帰式を決定しなさい．

② 実験用データについて回帰分析を行いなさい．

第 **8** 章

サポートベクターマシン (SVM)

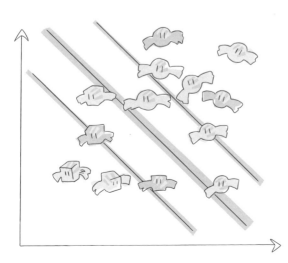

8.1 ◆ サポートベクターマシンとは

サポートベクターマシン（Support Vector Machine, SVM）とは，教師あり学習に基づくパターン認識モデルの一種であって，判別分析や回帰分析などに広く利用されている．

（1）識別平面とマージン

図 8.1 にあるように，多数のデータを緑色と赤色のクラスタに分けることを考える．このとき，2つのクラスタを区別する識別平面の両側に境界マージンをとる．SVM では，カテゴリの境界のマージンを最大にするように分類する．

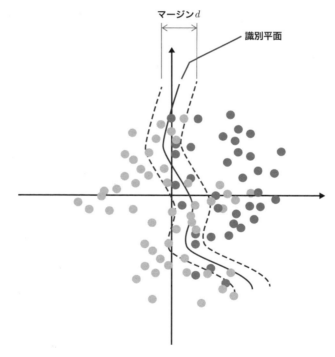

図 8.1　SVM によるデータの判別

各サンプルから識別平面への距離は次式で与えられる.

$$d_i = -\frac{\boldsymbol{a} \cdot \boldsymbol{x}_i + b}{\|\boldsymbol{a}\|} \tag{8.1}$$

ここで, $\boldsymbol{x}_i$ は説明変数を示し, a, b は識別平面を与える 1 次式の係数を示す.
そこで, 距離の最小値を最大化するように平面を定める. つまり,

$$\max_{\boldsymbol{a},b} \min_i \frac{|\boldsymbol{a} \cdot \boldsymbol{x}_i + b|}{\|\boldsymbol{a}\|} \tag{8.2}$$

式 (8.2) と次式は等価である.

$$\min_{\boldsymbol{a},b} \|\boldsymbol{a}\| \tag{8.3}$$

ただし

$$y(\boldsymbol{a} \cdot \boldsymbol{x}_i + b) \geq 1 \tag{8.4}$$

ここで

$$\max_{\boldsymbol{a},b} \min_i \frac{|\boldsymbol{a} \cdot \boldsymbol{x}_i + b|}{\|a\|} = \max_{\boldsymbol{a},b} \frac{1}{\|a\|} \quad \leftrightarrow \quad \min_{\boldsymbol{a},b} \|a\| \tag{8.5}$$

式 (8.3) と (8.4) で定義される問題を解いて識別平面を定める場合をハードマージンと呼ぶ. ところで, **図 8.1** にあるようにサンプル点が識別平面付近で混ざっている場合には, ハードマージンではうまく分離できないことがあるので, 上記の問題の制約条件を緩める必要がある. この場合は, 次の目的関数を最小化する.

$$\min \frac{1}{2} \|\boldsymbol{a}\|^2 \tag{8.6}$$

ただし

$$r(\boldsymbol{x}) = \max(1 - y(\boldsymbol{a} \cdot \boldsymbol{x}_i + b), 0) \tag{8.7}$$

こうして定められたものをソフトマージンと呼ぶ.

88 第Ⅱ部 機械学習

(2) データの変数変換

データ $\boldsymbol{x}_i$ を高次元空間に変数変換する関数を $\phi(\boldsymbol{x}_i)$ とする. $\boldsymbol{x}_i$ の代わりに $\phi(\boldsymbol{x}_i)$ を用いて関数近似することを考える. つまり,

$$y \simeq a^T \phi(\boldsymbol{x}_i) \tag{8.8}$$

式 (8.8) のパラメータを最小二乗法によって推定するためには, 次式を解くことになる.

$$\min \sum_i (y_i - a^T \phi(\boldsymbol{x}_i))^2 \to a \tag{8.9}$$

しかし, 式 (8.9) よりパラメータを定めると過学習を生じる場合がある.

過学習とは, 学習用データに対しては良い予測性能を示すけれども, 未知の実験データに対しての予測性能が十分でない状態である.

そこで, 過学習を避けるために式 (8.9) に制約条件を与えてパラメータを定める. ラグランジュ係数を λ とすると次式で与えられる.

$$\min \sum_i (y_i - a^T \phi(\boldsymbol{x}_i))^2 + \lambda a^T a \to a \tag{8.10}$$

(3) カーネル法

式 (8.8) では, $\phi(\boldsymbol{x}_i)$ を用いて回帰式が定義されている. これに対して, カーネル法では, 次式で与えられるカーネル関数

$$k(\boldsymbol{x}, \boldsymbol{x}') = \phi(\boldsymbol{x})^T \phi(\boldsymbol{x}') \tag{8.11}$$

を用いて回帰式を近似する. つまり,

$$y_i = \sum_{i=1}^n k(\boldsymbol{x}, \boldsymbol{x}_i)\beta_i \tag{8.12}$$

利用されるカーネル関数には以下のものがある.

● 線形カーネル:

$$k(\boldsymbol{x}, \boldsymbol{x}') = \boldsymbol{x}^T \boldsymbol{x}' \tag{8.13}$$

● 多項式カーネル：

$$k(\boldsymbol{x}, \boldsymbol{x}') = (1 + \boldsymbol{x}^T \boldsymbol{x}')^D, \quad D = 1, 2, 3, \cdots \tag{8.14}$$

● ガウシアン・カーネル：

$$k(\boldsymbol{x}, \boldsymbol{x}') = exp\{-\sigma \|\boldsymbol{x} - \boldsymbol{x}'\|^2\}, \quad \sigma > 0 \tag{8.15}$$

ここでは，判別分析を例に説明したが，同様の定式化は回帰分析にも適用できる．

8.2 ◆ 例題 1 （判別分析）

（1）学習データの準備

練習問題として，AND 回路を構成するニューロンを定義する．AND 回路は 2 入力 1 出力である．入力を x_1, x_2，出力を y とすると，AND 回路は次のようになる．

x_1	x_2	y
1	1	1
1	0	0
0	1	0
0	0	0

SVM の学習データを用意する．変数 x1，x2，y を定義し，データ svm. data として整理しておく．

90   第Ⅱ部 機械学習

```
> x1 <- c(1,1,0,0)
> x2 <- c(1,0,1,0)
> y <- c(1,0,0,0)
> svm.data <- data.frame(x1,x2,y)
> svm.data
  x1 x2 y
1  1  1 1
2  1  0 0
3  0  1 0
4  0  0 0
```

(2) SVM ライブラリのインストール

パッケージ kernlab をインストールするために次のように入力する．

```
> install.packages("kernlab")
```

ライブラリ kernlab を読み込むために次のように入力する．

```
> library(kernlab)
```

(3) SVM による判別式の学習

SVM による判別式を学習するためにコマンド ksvm() を用いる．ksvm() では，判別分析や回帰分析のためにいくつかの手法が用意されている．ここでは，判別分析の 1 つである C-svc を用いることにする．

```
> svm.res <- ksvm(y~., data=svm.data, type="C-svc")
> svm.res
Support Vector Machine object of class "ksvm"

SV type: C-svc  (classification)
 parameter : cost C = 1

Gaussian Radial Basis kernel function.
 Hyperparameter : sigma =  0.333333333333333

Number of Support Vectors : 3

Objective Function Value : -1.584
Training error : 0.25
```

ここで ksvm(y~., data=svm.data, type="C-svc") において，y~. は

変数 y の判別式を，他の全ての変数を用いて定義することを意味している．そして，data=svm.data は，変数がデータ svm.data に含まれていることを意味する．type="C-svc" は，採用する判別分析手法を指定している．

　解析に用いる基底関数を変更するためには，変数 kernel を指定すればよい．あわせて，type を nu-svc に変更してみると次のようになる．

```
> svm.res <- ksvm(y~., data=svm.data, kernel="rbfdot", type="nu-s
vc")
> svm.res
Support Vector Machine object of class "ksvm"

SV type: nu-svc  (classification)
 parameter : nu = 0.2

Gaussian Radial Basis kernel function.
 Hyperparameter : sigma =  0.333333333333333

Number of Support Vectors : 3

Objective Function Value : 2.4041
Training error : 0
```

　学習結果を表示するためにコマンド summary() を用いる．

```
> summary(svm.res)
Length  Class   Mode
     1   ksvm     S4
```

(4) 実験データの判別

　実験データを用意する．ここでは，変数 x1, x2 を定義し，データ svm.data2 として定義している．

```
> x1 <- c(0.5,0.5,1.5,1.5)
> x2 <- c(0.5,1.5,0.5,1.5)
> svm.data2 <- data.frame(x1,x2)
> svm.data2
   x1  x2
1 0.5 0.5
2 0.5 1.5
3 1.5 0.5
4 1.5 1.5
```

コマンド predict() を用いて判別対象のデータを判別する.

```
> svm.res2 <- predict(svm.res, svm.data2)
> svm.res2
[1] 0 1 1 1
```

ここで, predict(svm.res, svm.data2) は, svm.res で学習した判別
式を用いてデータ svm.data2 の判別を行うことを示している.

(5) データの表示

学習データのうちで真と判別されたもの（0.5 より大きなもの）を青色で,
偽と判別されたもの（0.5 以下のもの）を赤色で表示する. さらに, 判別デー
タのうちで真と判別されたもの（0.5 より大きなもの）を緑色で, 偽と判別さ
れたもの（0.5 以下のもの）を黄色で表示する. このために以下のように入力
する.

```
> plot(svm.data$x1,svm.data$x2,col=ifelse(svm.data$y>0.5,"blue","
red"),xlim=c(0,2),ylim=c(0,2),xlab="x coordinate",ylab="y coordin
ate")
> par(new=T)
> plot(svm.data2$x1,svm.data2$x2,col=ifelse(svm.res2>0.5,"green",
"yellow"),xlim=c(0,2),ylim=c(0,2),xlab="",ylab="")
```

1 行目は, 学習データのうちで真と判別されたもの（0.5 より大きなも
の）を青色で, 偽と判別されたもの（0.5 以下のもの）を赤色で表示する. 具
体的には, svm.data$x1 を横軸, svm.data$x2 を縦軸としてグラフを描
くことを意味している. col はグラフの色を意味しており, ifelse(svm.
data$y>0.5,"blue","red") で示されているように, svm.data$y の値が
0.5 より大きければ青色（"blue"）, そうでなければ赤色（"red"）で表示す
ることを意味している. xlim=c(0,2) は横軸を 0 〜 2 で, ylim=c(0,2) は
縦軸を 0 〜 2 で記載することを意味している. xlab="x coordinate" と
ylab="y coordinate" は, それぞれ横軸と縦軸のラベルを定義している.

2 行目の par(new=T) は重ね書きするときに, 前のグラフを消さないよう

に指定している．

最後の行は，判別データのうちで真と判別されたもの（0.5より大きなもの）を緑色で，偽と判別されたもの（0.5以下のもの）を黄色で表示する．具体的には，svm.data2$x1を横軸，svm.data2$x2を縦軸としてグラフを描くことを意味している．colはグラフの色を意味しており，ifelse(svm.res2>0.5,"green","yellow")で示されているように，svm.res2の値が0.5より大きければ緑色（"green"），そうでなければ黄色（"yellow"）で表示することを意味している．xlim=c(0,2)は横軸を0～2で，ylim=c(0,2)は縦軸を0～2で記載することを意味している．axes=Fはグラフの軸を表示しないことを意味している．xlab=""とylab=""は，それぞれ横軸と縦軸のラベルを表示させないことを意味している．

実際に表示されたものは次のようになる．

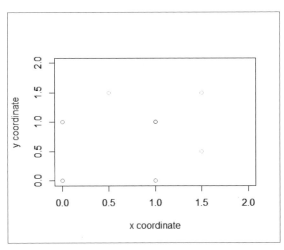

図8.2 学習データと実験データのプロット

8.3 ◆ 例題 2（回帰分析）

（1）問題設定

目的変数 y と説明変数 x_1, x_2 は，それぞれ以下のように与えられているものとする．

$$x_1 = \{38.78, 145.05, 152.69, 160.11, 165.37, 168.61\} \tag{8.16}$$

$$x_2 = \{33.54, 37.92, 43.52, 49.04, 53.41, 59.24\} \tag{8.17}$$

$$y = \{0.35, 8.88, 8.48, 7.92, 7.53, 7.56\} \tag{8.18}$$

目的変数 y と説明変数 x_1, x_2 をベクトルデータとして定義する．

```
> x1 <- c(38.78 , 145.05, 152.69 , 160.11 , 165.37 , 168.61)
> x2 <- c(33.54 , 37.92 , 43.52 , 49.04 , 53.41 , 59.24)
> y <- c(.35 , 8.88 , 8.48 , 7.92 , 7.53 , 7.56)
```

コマンド data.frame() を用いて，3 つの変数データを変数 ra.data としてまとめる．

```
> ra.data <- data.frame(x1,x2,y)
> ra.data
      x1    x2    y
1  38.78 33.54 0.35
2 145.05 37.92 8.88
3 152.69 43.52 8.48
4 160.11 49.04 7.92
5 165.37 53.41 7.53
6 168.61 59.24 7.56
```

（2）回帰式の決定

目的変数 y を説明変数 x1，x2 についてニューラルネットワークで回帰分析する．このために，コマンド ksvm() を用いて次のように入力する．

第8章 サポートベクターマシン（SVM） **95**

```
> svm.ra.res <- ksvm(y~., data=ra.data)
> svm.ra.res
Support Vector Machine object of class "ksvm"

SV type: eps-svr  (regression)
 parameter : epsilon = 0.1  cost C = 1

Gaussian Radial Basis kernel function.
 Hyperparameter : sigma =  0.210758314293197

Number of Support Vectors : 2

Objective Function Value : -1.8313
Training error : 0.264483
```

　ここで，y~. は，y の回帰式を他の全ての変数を用いて定義することを示している．また，data=ra.data は，x1，x2，y がデータ ra.data の成分であることを示している．

　コマンド ksvm() による分析結果を表示するためにはコマンド summary() を用いる．

```
> summary(svm.ra.res)
Length  Class   Mode
     1   ksvm     S4
```

　判別分析手法を変更する場合は，type で指定する．

```
> svm.ra.res <- ksvm(y~., data=ra.data, type="nu-svr")
> svm.ra.res
Support Vector Machine object of class "ksvm"

SV type: nu-svr  (regression)
 parameter : epsilon = 0.1  nu = 0.2

Gaussian Radial Basis kernel function.
 Hyperparameter : sigma =  0.313446289749868

Number of Support Vectors : 2

Objective Function Value : -1.3206
Training error : 0.610253
```

　また，切片を 0 として解析するときには次のように入力する．

```
> svm.ra.res <- ksvm(y~.-1, data=ra.data)
> svm.ra.res
Support Vector Machine object of class "ksvm"

SV type: eps-svr  (regression)
 parameter : epsilon = 0.1  cost C = 1

Gaussian Radial Basis kernel function.
 Hyperparameter : sigma =  1.587829144604

Number of Support Vectors : 5

Objective Function Value : -1.5878
Training error : 0.156555
```

(3) 予測値の計算

学習に用いたデータの x1, x2 について，SVM で得られた回帰式によって計算するためにコマンド predict() を用いる．

```
> svm.ra.predict <- predict(svm.ra.res)
> svm.ra.predict
           [,1]
[1,] -0.1301835
[2,]  0.4381966
[3,]  0.4296057
[4,]  0.3866096
[5,]  0.3324845
[6,]  0.2414829
> data.frame(ra.data,svm.ra.predict)
     x1    x2    y svm.ra.predict
1  38.78 33.54 0.35    -0.1301835
2 145.05 37.92 8.88     0.4381966
3 152.69 43.52 8.48     0.4296057
4 160.11 49.04 7.92     0.3866096
5 165.37 53.41 7.53     0.3324845
6 168.61 59.24 7.56     0.2414829
```

学習データ以外の点の数値を求めることを考える．回帰式から数値を計算する点を次のように与える．

$$x_1 = \{150, 160, 170\} \tag{8.19}$$

$$x_2 = \{35, 40, 50\} \tag{8.20}$$

上記の数値をまとめてデータ ra.data2 とする．

```
> x1 <- c(150,160,170)
> x2 <- c(35,40,50)
> ra.data2 <- data.frame(x1,x2)
> ra.data2
   x1 x2
1 150 35
2 160 40
3 170 50
```

コマンド predict() を用いて数値を計算する.

```
> svm.ra.predict2 <- predict(svm.ra.res, ra.data2)
> svm.ra.predict2
          [,1]
[1,] 8.271521
[2,] 8.323429
[3,] 8.048736
```

8.4 ◆ 問題

(1) データセット iris を用いた判別問題

R に組み込まれている Fisher と Anderson によるアヤメの分類データセット iris を用いる．7章は，同じ問題を3層構造のマルチレイヤーパーセプトロンモデルで実験を行った．ここでは，同じ問題をサポートベクターマシンで実行する．

```
> data(iris)
> head(iris)
  Sepal.Length Sepal.Width Petal.Length Petal.Width Species
1          5.1         3.5          1.4         0.2  setosa
2          4.9         3.0          1.4         0.2  setosa
3          4.7         3.2          1.3         0.2  setosa
4          4.6         3.1          1.5         0.2  setosa
5          5.0         3.6          1.4         0.2  setosa
6          5.4         3.9          1.7         0.4  setosa
```

① 学習データについて，Species を目的変数，他の4変数を説明変数として判別関数をサポートベクターマシンで決定しなさい．

② 判別関数を実験データの判別に適用しなさい．

(2) データセット ToothGrowth を用いた回帰分析

R に組み込まれているデータセット ToothGrowth を用いる．7章は，同じ問題を3層構造のマルチレイヤーパーセプトロンモデルで実験を行った．ここでは，同じ問題をサポートベクターマシンで実行する．

```
> data(ToothGrowth)
> head(ToothGrowth)
   len supp dose
1  4.2   VC  0.5
2 11.5   VC  0.5
3  7.3   VC  0.5
4  5.8   VC  0.5
5  6.4   VC  0.5
6 10.0   VC  0.5
```

① 学習データについて，`len` を目的変数，他の変数を説明変数として回帰関数をサポートベクターマシンで決定しなさい.

② 回帰関数を実験データの判別に適用しなさい.

第 **9** 章

ベイズ推定

9.1 ◆ ナイーブベイズ分類器

(1) ベイズの定理

事象 A が起こる確率（事前確率）を $P(A)$，事象 A が起きた後で事象 B が起こる確率（事後確率）を $P(B \mid A)$ とする．この関係を図示すると**図 9.1** のようになる．このとき，ベイズの定理は次式で与えられる．

$$P(A, B) = P(B \mid A)P(A) = P(A \mid B)P(B) \tag{9.1}$$

$$P(B \mid A) = \frac{P(A \mid B)}{P(A)} P(B) \tag{9.2}$$

ここで, 式 (9.2) の右辺の $P(B)$ は事象 B の発生確率, 左辺の $P(B \mid A)$ は (事象 A が発生した場合の) 事象 B の発生確率を示す．つまり，式 (9.2) は，事象 A の発生確率を加味することで事象 B の発生確率を改善できることを意味している．

図 9.1　事象 A と事象 B の関係

確率変数のとる値が真偽，Yes/No などの 2 値である場合には確率変数は次のようになる．

$$A = \{A, \bar{A}\}, B = \{B, \bar{B}\} \tag{9.3}$$

ここで，$\bar{A}$ は A の否定を示す．

この場合，ベイズの定理は次のようになる．

$$P(B \mid A) = \frac{P(A \mid B)}{P(A)} P(B) = \frac{P(A \mid B)}{P(A \mid B)P(B) + P(A \mid \bar{B})P(\bar{B})} P(B) \quad (9.4)$$

確率変数の取り得る値が複数である場合，つまり

$$A = \{A_1, A_2, \cdots, A_M\}, \quad B = \{B_1, B_2, \cdots, B_N\} \quad (9.5)$$

の場合は次式となる．

$$P(B_i \mid A_j) = \frac{P(A_j \mid B_i)}{P(A_j)} P(B_i) = \frac{P(A_j \mid B_i)}{\sum^k P(A_j \mid B_k)P(B_k)} P(B_i) \quad (9.6)$$

(2) ナイーブ（単純）ベイズ分類器

確率変数間の条件付き因果関係を表現するために，確率変数をノードとして，確率変数間の条件付き因果関係を矢印付きリンクで表現する．このとき，原因を親ノード，結果を子ノードとして，親ノードから子ノードへ矢印付き直線を記載して定義する（**図9.2**）．

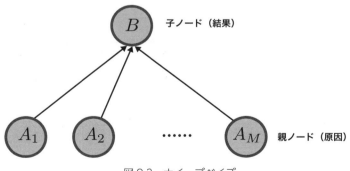

図9.2　ナイーブベイズ

この場合，ベイズの定理は次式で与えられる．

$$P(B \mid A_1, A_2, \cdots, A_M) = \frac{P(A_1, A_2, \cdots, A_M \mid B)}{P(A_1, A_2, \cdots, A_M)} P(B) \qquad (9.7)$$

ナイーブベイズ分類器の判断基準は，式 (9.7) の右辺から次式で与えられる．

$$NB(A_1, A_2, \cdots, A_M) = \arg \max_B \prod_{i=1}^{M} P(A_i \mid B) P(B) \qquad (9.8)$$

この値を事象 B が取り得る全ての場合について求め，最も確率の高い事象を選択する．

9.2 ◆ 例題

（1）問題設定

車両のデータから車両が盗難に遭うか遭わないかの判別式を作成し，別の車両の盗難確率を推定する．車両が盗難されたかどうかのリストを**表9.1**に示す．このリストから盗難されるかどうかの判別式を定義し，赤い国産 SUV が盗難されるかどうかを推定する．

表 9.1　車両リスト

盗難	色	車種	国産・輸入
Yes	赤	スポーツ	国産
No	赤	スポーツ	国産
Yes	赤	スポーツ	国産
No	黄	スポーツ	国産
Yes	赤	スポーツ	輸入
No	黄	SUV	輸入
Yes	黄	SUV	輸入
No	黄	SUV	国産
Yes	赤	SUV	輸入
Yes	赤	スポーツ	輸入

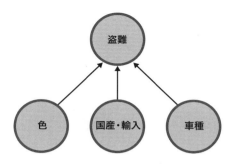

図 9.3 ナイーブベイズ関係

(2) ナイーブベイズ分類による推定

ここで，確率変数を以下のように定義する．確率変数 A_1, A_2, A_3, B は，それぞれ自動車の色，車種，国産・輸入，盗難されたかどうかを示す．つまり，

$A_1 = \{A_1, \bar{A}_1\} = \{$ 赤, 黄 $\}$
$A_2 = \{A_2, \bar{A}_2\} = \{$ スポーツ, SUV$\}$
$A_3 = \{A_3, \bar{A}_3\} = \{$ 国産, 輸入 $\}$
$B = \{B, \bar{B}\} = \{$ 盗難に遭う, 盗難に遭わない $\}$

判別のために**図 9.3** のようにナイーブベイズ関係を定義する．

条件付き確率 $P(A_i \mid B)$ は，B ごとに A_i の確率を求める．それぞれの確率変数の値は以下のように計算できる．

表 9.2 確率変数値

$P(A_1 \mid B)$	赤 A_1	黄 $\bar{A}_1$
盗難された B	5/6	1/6
盗難されていない $\bar{B}$	1/4	3/4

$P(A_2 \mid B)$	スポーツ A_2	SUV $\bar{A}_2$
盗難された B	4/6	2/6
盗難されていない $\bar{B}$	2/4	2/4

$P(A_3 \mid B)$	国産 A_3	輸入 $\bar{A}_3$
盗難された B	2/6	4/6
盗難されていない $\bar{B}$	3/4	1/4

106 第II部 機械学習

これらのデータから，赤い国産 SUV が盗難される確率と盗難されない確率を計算すると以下のようになる．

● **盗難される確率：**

$$P(B \mid A_1, \bar{A}_2, A_3) = P(A_1 \mid B)P(\bar{A}_2 \mid B)P(A_3 \mid B)P(B)$$

$$= \frac{5}{6}\frac{2}{6}\frac{2}{6}\frac{6}{10} \fallingdotseq 0.0556 \tag{9.9}$$

● **盗難されない確率：**

$$P(\bar{B} \mid A_1, \bar{A}_2, A_3) = P(A_1 \mid \bar{B})P(\bar{A}_2 \mid \bar{B})P(A_3 \mid \bar{B})P(\bar{B})$$

$$= \frac{1}{4}\frac{2}{4}\frac{3}{4}\frac{4}{10} = 0.0375 \tag{9.10}$$

以上より，盗難されると判定される．

(3) R による実習

確率変数のうち，盗難に遭うかどうか，色，車種，国産・輸入をそれぞれ変数 state, col, type, import としてデータを定義する．変数 state を目的変数，その他を説明変数とし，説明変数はダミー変数により定義する．

$$\text{state} = \{\,盗難に遭う\,,\,盗難に遭わない\,\} = \{y, n\}$$
$$\text{col} = \{\,赤\,,\,黄\,\} = \{1, 2\}$$
$$\text{type} = \{\,スポーツ\,,\,SUV\} = \{1, 2\}$$
$$\text{import} = \{\,輸入\,,\,国産\,\} = \{1, 2\}$$

```
> state <- c("y","n","y","n","y","n","y","n","y","y")
> col <- c(1,1,1,2,1,2,2,2,1,1)
> type <- c(1,1,1,1,1,2,2,2,2,1)
> import <- c(2,2,2,2,1,1,1,2,1,1)
```

```
> nb.data <- data.frame(state,col,type,import)
> nb.data
   state col type import
1      y   1    1      2
2      n   1    1      2
3      y   1    1      2
4      n   2    1      2
5      y   1    1      1
6      n   2    2      1
7      y   2    2      1
8      n   2    2      2
9      y   1    2      1
10     y   1    1      1
```

ライブラリe1071を使用するために，最初にパッケージe1071をインストールする．

```
> install.packages("e1071")
```

続いて，ライブラリをロードする．

```
> library(e1071)
```

コマンドnaiveBayes()によって予測式を作成する．

```
> nb.res <- naiveBayes(state~., data=nb.data)
```

ここで，state~.は，変数stateを目的変数として，他の全ての変数で判別式を決定することを意味している．また，data=nb.dataはデータセットを定義している．

任意データについて判別を行うために，判別するデータを用意する．

```
> nb.data2 <- data.frame(col=c(1),type=c(2),import=c(2))
> nb.data2
  col type import
1   1    2      2
```

変数col，type，importを定義し，それぞれに1（赤），2（SUV），2（国産）と値を代入することを示している．上記のデータについての判別はコマンドpredict()を用いる．

108 第Ⅱ部 機械学習

```
> nb.res2 <- predict(nb.res,nb.data2)
> nb.res2
[1] y
Levels: n y
```

　ここで, predict(nb.res,nb.data2) は, nb.res で決定した判別式を
データ nb.data2 に適用することを示している.

9.3 ◆ 問題

R に組み込まれている Fisher と Anderson によるアヤメの分類データセット iris を用いて，ナイーブベイズ分類器を用いて以下の問題を実施しなさい．

```
> data(iris)
> head(iris)
  Sepal.Length Sepal.Width Petal.Length Petal.Width Species
1          5.1         3.5          1.4         0.2  setosa
2          4.9         3.0          1.4         0.2  setosa
3          4.7         3.2          1.3         0.2  setosa
4          4.6         3.1          1.5         0.2  setosa
5          5.0         3.6          1.4         0.2  setosa
6          5.4         3.9          1.7         0.4  setosa
```

① 学習データについて，Species を目的変数，他の 4 変数を説明変数として判別関数を決定しなさい．

② 判別関数を実験データの判別に適用しなさい．

第10章 自己組織化マップ

10.1 ◆ 自己組織化マップとは

　自己組織化マップ（Self-Organizing Map, SOM）はニューラルネットワークの一種で，大脳皮質の視覚野をモデル化している．多次元のデータを任意の次元へ写像するために用いると多次元のデータの可視化が可能であることから，クラスタリングなどに用いられる．

　自己組織化マップは，入力層と出力層（マップ層）の2層からなっており，教師なし学習によって多次元の入力データを任意の次元へ写像することができる（**図10.1**）．最も基本的な使い方は多次元データを2次元のマップ上に写像することであって，これによって類似データは2次元マップ上で近くに配置されることになる．

　2次元の自己組織化マップのアルゴリズムは以下のようになる．

① 2次元マップを定義する．ここで，格子点はノードと呼ばれる．
② ノードの重み係数にランダムな値を与える．
③ 入力データと全ノードの非類似度を計算する．
④ 非類似度の最も小さいニューロンである勝者ニューロンを探索する．
⑤ 勝者ニューロンの重みを修正する．
⑥ 勝者ニューロンに隣接するニューロン（近傍ニューロン）の重みを修正する．
⑦ 以上を繰り返す．

　近傍ニューロンの範囲については，最初の段階では大きくとり，徐々に範囲を狭めていくという方法がとられる．

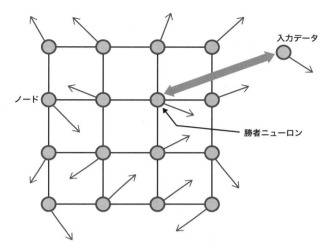

図 10.1 自己組織化マップ

10.2 ◆ 例題

表 10.1 のデータを分類することを考える．健康と病気を 1 と 0 で数値化して表現する．そして，健康/病気，血圧，喫煙本数をそれぞれ変数 x1，x2，x3 として定義する．

```
> x1 <- c(1,1,0,0,1,1,0,0,1,1,0,0)
> x2 <- c(80,60,160,140,90,40,180,150,70,130,200,170)
> x3 <- c(5,3,8,6,4,6,7,6,5,3,7,9)
> som.data <- data.frame(x1,x2,x3)
> som.data
   x1  x2 x3
1   1  80  5
2   1  60  3
3   0 160  8
4   0 140  6
5   1  90  4
6   1  40  6
7   0 180  7
8   0 150  6
9   1  70  5
10  1 130  3
11  0 200  7
12  0 170  9
```

114 第Ⅱ部 機械学習

表 10.1 例題

健康 / 病気	血圧	喫煙本数 / 日
健康	80	5
健康	60	3
病気	160	8
病気	140	6
健康	90	4
健康	60	6
病気	180	7
病気	150	6
健康	70	5
健康	130	3
病気	200	7
病気	170	9

パッケージ kohonen を導入するために，次のように入力する．

```
> install.packages("kohonen")
```

続いて，ライブラリ kohonen を読み込む．

```
> library(kohonen)
```

3 行 3 列のヘキサゴン・マップを定義するためにコマンド somgrid() を用いる．変数 xdim と ydim は，それぞれグリッドの縦横の数を示している．また，変数 topo はグリッドの形を定義している．六角格子（hexagonal）と長方形格子（rectangular）から選択できる．

```
> som.grid <- somgrid(xdim=3,ydim=3,topo="hexagonal")
```

データ som.data をヘキサゴン・マップに学習させる．

```
> som.res <- som(as.matrix(som.data),som.grid)
```

コマンド as.matrix() は，そのデータを 2 次元データ（行列型）に変換することを意味している．

コマンド plot() を用いて結果を表示させる.

```
> plot(som.res)
```

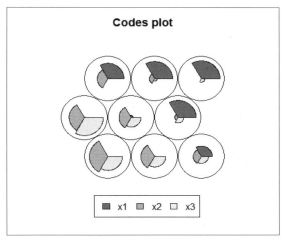

図 10.2　コードマップ

116 第Ⅱ部　機械学習

10.3 ◆ 問題

　Rに含まれるデータセットの1つであるアヤメの分類データセット iris は，3種類のアヤメについて，がく片（Sepal）と花弁（Petal）の長さと幅を収集したものである．登録されているデータの変数には，がく片の長さ Sepal.Length，がく片の幅 Sepal.Width，花弁の長さ Petal.Length，花弁の幅 Petal.Width，品種 Species がある．

　データ iris を利用するためにコマンド data() を用いる．

```
> data(iris)
> head(iris)
  Sepal.Length Sepal.Width Petal.Length Petal.Width Species
1          5.1         3.5          1.4         0.2  setosa
2          4.9         3.0          1.4         0.2  setosa
3          4.7         3.2          1.3         0.2  setosa
4          4.6         3.1          1.5         0.2  setosa
5          5.0         3.6          1.4         0.2  setosa
6          5.4         3.9          1.7         0.4  setosa
```

　量的変数である Sepal.Length，Sepal.Width，Petal.Length，Petal.Width によって，アヤメを6行6列の六角形格子に分類表示して，アヤメの品種ごとの特徴を検討しなさい．

第 **11** 章

決定木

11.1 ◆ 決定木とランダムフォレスト

決定木（Decision Tree）とは教師あり学習の一種であり，マネジメントの意志決定などに用いられる．教師データを段階的に分割していき，最終的に決定木と呼ばれるツリーモデルに分類して表現する．ツリーモデルの例を図 11.1 に示す．ノードには分割関数が，リーフには出力結果が対応する．ツリーモデルを用いて現象に対する要因を分析するとともに，ツリーモデルの分類結果を用いて予測や推定を行う．数値推定に用いる場合は回帰木，判別分析に用いる場合は分類木と呼ぶ．

ランダムフォレストは問題に対して複数の決定木を利用して予測を行い，分類問題においては多数決，回帰問題においては平均値を予測値として採用する．木をランダムに複数採用することが名称の由来である．

複数の決定木は同じ構造になりにくいので，決定木で見られる過学習が生じにくい特徴がある．また，目的変数に対する説明変数の影響度を評価できる．

① ブートストラップ法により n 組のサブサンプルを作成する．
② サブサンプルから決定木を作成する．
③ 分類問題の場合は決定木の多数決，回帰問題の場合は平均値を予測値とする．

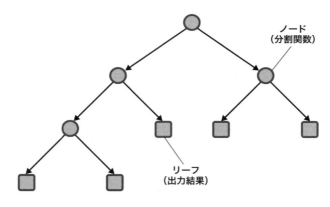

図 11.1 決定木の例

11.2 ◆ 例題 1 （判別分析）

（1）学習データの準備

　練習問題として，AND 回路を構成するニューロンを定義する．AND 回路は
2 入力 1 出力である．入力を x_1, x_2，出力を y とすると，AND 回路は次のよ
うになる．

x_1	x_2	y
1	1	1
1	0	0
0	1	0
0	0	0

　学習データを用意する．変数 x1，x2，y を定義し，データ rf.data とし
て整理しておく．

```
> x1 <- c(1,1,0,0)
> x2 <- c(1,0,1,0)
> y <- c(1,0,0,0)
> y <- as.factor(y)
> rf.data <- data.frame(x1,x2,y)
> rf.data
  x1 x2 y
1  1  1 1
2  1  0 0
3  0  1 0
4  0  0 0
```

　ここで，コマンド as.factor() について少し説明が必要である．この問
題では，目的変数 y は数値（整数値 0 または 1）をとっているが，実際には
判別分析を行っている．目的変数 y が数値型の変数のままでは，コマンド
randomForest() は判別分析ではなく回帰分析を行ってしまう．そこで，コ
マンド as.factor() を用いている．つまり，y <- as.factor(y) は数値
型変数 y を factor 型変数に変換し，それを改めて変数 y に代入している．
　変数の型はコマンド class() によって確認できる．

120 第Ⅱ部 機械学習

```
> class(x1)
[1] "numeric"
> class(y)
[1] "factor"
```

(2) ライブラリ randomForest のインストール

パッケージ randomForest をインストールするために次のように入力する.

```
> install.packages("randomForest")
```

ライブラリ randomForest を読み込むために次のように入力する.

```
> library("randomForest")
```

(3) ランダムフォレストによる判別式の学習

判別式を学習するためにコマンド randomForest() を用いる.

```
> rf.res <- randomForest(y~., data=rf.data)
> rf.res

Call:
 randomForest(formula = y ~ ., data = rf.data)
               Type of random forest: classification
                     Number of trees: 500
No. of variables tried at each split: 1

        OOB estimate of  error rate: 66.67%
Confusion matrix:
  0 1 class.error
0 1 2   0.6666667
1 0 0         NaN
```

ここで, y~. は変数 y の判別式を, 他の全ての変数を用いて定義することを意味している. そして, data=rf.data は変数がデータ rf.data に含まれていることを意味している.

(4) 実験データの判別

判別する実験データを用意する. ここでは, 変数 x1, x2 を定義し, データ

第 11 章　決定木　121

rf.data2 として定義している.

```
> x1 <- c(0.5,0.5,1.2,1.2)
> x2 <- c(0.5,1.2,0.5,1.2)
> rf.data2 <- data.frame(x1,x2)
> rf.data2
   x1  x2
1 0.5 0.5
2 0.5 1.2
3 1.2 0.5
4 1.2 1.2
```

コマンド predict() を用いて実験データを判別する.

```
> rf.res2 <- predict(rf.res, rf.data2)
> rf.res2
1 2 3 4
0 0 0 1
Levels: 0 1
```

ここで, predict(rf.res, rf.data2) は, rf.res で学習した判別式を用いてデータ rf.data2 の判別を行うことを示している.

(5) データの表示

学習データのうちで y=0 と判別されたものを黒色で, y=1 と判別されたものを赤色で表示する. さらに, 判別データのうちで y=0 と判別されたものを緑色で, y=1 と判別されたものを黄色で表示するために以下のように入力する.

```
> plot(rf.data$x1,rf.data$x2,col=as.numeric(rf.data$y),xlim=c(0,2
),ylim=c(0,2),xlab = "x coordinate",ylab="y coordinate")
> par(new=T)
> plot(rf.data2$x1,rf.data2$x2,col=as.numeric(rf.res2)+2,xlim=c(0
,2),ylim=c(0,2),xlab = "",ylab="")
```

ここで, 学習データのうちで真と判別されたもの (as.numeric(rf.data$y)=2) を赤色で, 偽と判別されたもの (as.numeric(rf.data$y)=1) を黒色で表示する. さらに, 判別データのうちで真と判別されたもの (as.numeric(rf.res2)=2) を青色で, 偽と判別されたもの (as.numeric(rf.res2)=1) を緑色で表示する.

1行目はrf.data$x1を横軸，rf.data$x2を縦軸としてグラフを描く．このとき，学習データのうちでy=0と判別されたもの（as.numeric(rf.data$y)=1）を黒色で，y=1と判別されたもの（as.numeric(rf.data$y)=2）を赤色で表示する．xlim=c(0,2)は横軸を0〜2で，ylim=c(0,2)は縦軸を0〜2で記述することを意味している．xlab="x coordinate"とylab="y coordinate"は，それぞれ横軸と縦軸のラベルを定義している．

2行目のpar(new=T)は重ね書きするときに，前のグラフを消さないように指定している．

最後の行は，rf.data2$x1を横軸，rf.data2$x2を縦軸としてグラフを描く．このとき，判別データのうちで真と判別されたもの（as.numeric(rf.res2)=2）を青色で，偽と判別されたもの（as.numeric(rf.res2)=1）を緑色で表示する．

実際に表示されたものは以下のようになる．

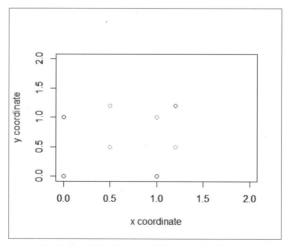

図11.2　実験データと学習データのプロット

11.3 ◆ 例題 2（回帰分析）

（1）問題設定

目的変数 y と説明変数 x_1, x_2 は，それぞれ以下のように与えられているものとする．

$$x_1 = \{38.78, 145.05, 152.69, 160.11, 165.37, 168.61\} \tag{11.1}$$

$$x_2 = \{33.54, 37.92, 43.52, 49.04, 53.41, 59.24\} \tag{11.2}$$

$$y = \{0.35, 8.88, 8.48, 7.92, 7.53, 7.56\} \tag{11.3}$$

目的変数 y と説明変数 x_1, x_2 をベクトルデータとして定義する．

```
> x1 <- c(38.78 , 145.05, 152.69 , 160.11 , 165.37 , 168.61)
> x2 <- c(33.54 , 37.92 , 43.52 , 49.04 , 53.41 , 59.24)
> y <- c(.35 , 8.88 , 8.48 , 7.92 , 7.53 , 7.56)
```

コマンド data.frame() を用いて，3 つの変数データをデータセット ra.data としてまとめる．

```
> ra.data <- data.frame(x1,x2,y)
> ra.data
      x1    x2    y
1  38.78 33.54 0.35
2 145.05 37.92 8.88
3 152.69 43.52 8.48
4 160.11 49.04 7.92
5 165.37 53.41 7.53
6 168.61 59.24 7.56
```

（2）回帰式の決定

目的変数 y を説明変数 x1, x2 についてランダムフォレストで回帰分析する．このために，コマンド randomForest() を用いて次のように入力する．

```
> rf.ra.res <- randomForest(y~., data=ra.data)
> rf.ra.res

Call:
 randomForest(formula = y ~ ., data = ra.data)
               Type of random forest: regression
                     Number of trees: 500
No. of variables tried at each split: 1

          Mean of squared residuals: 13.58263
                    % Var explained: -59.44
```

ここで，y~. はyの回帰式を，他の全ての変数を用いて定義することを示している．また，data=ra.data は，x1，x2，y がデータセット ra.data に含まれていることを示している．

(3) 予測値の計算

学習に用いたデータの x1，x2 について，ランダムフォレストで得られた回帰式によって計算するためにコマンド predict() を用いる．

```
> rf.ra.pred <- predict(rf.ra.res,ra.data)
```

rf.ra.res で決定したルールを ra.data に適用した結果を表示すると以下のようになる．

```
> data.frame(ra.data,rf.ra.pred)
      x1    x2    y rf.ra.pred
1  38.78 33.54 0.35   3.068893
2 145.05 37.92 8.88   7.426110
3 152.69 43.52 8.48   8.182641
4 160.11 49.04 7.92   7.966384
5 165.37 53.41 7.53   7.946961
6 168.61 59.24 7.56   7.946961
```

学習データ以外の点の数値を求めることを考える．数値を計算する点を次のように与える．

$$x_1 = \{150, 160, 170\} \tag{11.4}$$

$$x_2 = \{35, 40, 50\} \tag{11.5}$$

上記の数値をまとめてデータ ra.data2 とする.

```
> x1 <- c(150,160,170)
> x2 <- c(35,40,50)
> ra.data2 <- data.frame(x1,x2)
> ra.data2
   x1 x2
1 150 35
2 160 40
3 170 50
```

コマンド predict() を用いて数値を計算する.

```
> rf.ra.pred2 <- predict(rf.ra.res,ra.data2)
> data.frame(ra.data2,rf.ra.pred2)
   x1 x2 rf.ra.pred2
1 150 35    5.636202
2 160 40    7.883714
3 170 50    7.954483
```

126　第Ⅱ部　機械学習

11.4 ◆ 問題

(1) データセット iris を用いた判別問題

　R に組み込まれている Fisher と Anderson によるアヤメの分類データセット iris を用いる．これまでにいくつかの手法で判別分析しているが，ここでは randomForest を用いて以下の問題を実行しなさい．

```
> data(iris)
> head(iris)
  Sepal.Length Sepal.Width Petal.Length Petal.Width Species
1          5.1         3.5          1.4         0.2  setosa
2          4.9         3.0          1.4         0.2  setosa
3          4.7         3.2          1.3         0.2  setosa
4          4.6         3.1          1.5         0.2  setosa
5          5.0         3.6          1.4         0.2  setosa
6          5.4         3.9          1.7         0.4  setosa
```

① 学習データについて，Species を目的変数，他の 4 変数を説明変数として判別関数を決定しなさい．
② 判別関数を実験データの判別に適用しなさい．

(2) データセット ToothGrowth を用いた回帰分析

　R に含まれるデータセット ToothGrowth には，3 種類のビタミン投与量と 2 種類の摂取方法におけるモルモットの歯の生長量の測定結果が登録されている．

　データセット ToothGrowth を利用するためには data(ToothGrowth) と入力する．データレコードのうち最初の数行だけを表示するために head(ToothGrowth) と入力する．

```
> data(ToothGrowth)
> head(ToothGrowth)
   len supp dose
1  4.2   VC  0.5
2 11.5   VC  0.5
3  7.3   VC  0.5
4  5.8   VC  0.5
5  6.4   VC  0.5
6 10.0   VC  0.5
```

ここでは，randomForest を用いて以下の問題を行いなさい．

① 学習データについて，len を目的変数，他の変数を説明変数として回帰関数を
　 決定しなさい．
② 回帰関数を実験データの判別に適用しなさい．

第 **12** 章

深層学習

12.1 ◆ 深層学習とは

深層学習（Deep Learning）は，多層のニューラルネットワークを用いた機械学習手法である．特に，画像や音声の判別問題などで高い判別性能を示すことから，近年様々な応用研究が行われている．

(1) ネットワーク構造

ディープニューラルネットワークは，マルチレイヤーパーセプトロンを基本とし，複数の中間層をとるネットワーク構造を有している（**図 12.1**）．このようなネットワーク構造が精度向上に有効であることは理解されていたが，誤差逆伝搬法ではパラメータ学習が進まなくなる勾配消失問題が生じることが知られていた．この問題を解決し，実時間でのパラメータ学習の手法が確立したのは比較的最近のことである．

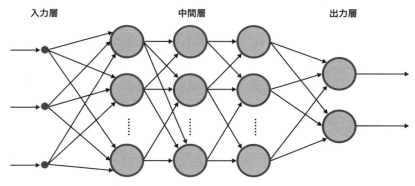

図 12.1　ディープニューラルネットワーク

(2) 活性化関数

深層ニューラルネットワークでは，様々な伝達関数または活性化関数（activation function）として以下のような関数が用いられる．

● 双曲線（Tanh）関数

$$g(x) = \tanh x = \frac{e^x - e^{-x}}{e^x + e^{-x}} \tag{12.1}$$

● Rectified Linear Unit（ReLU，Rectifier）関数

$$g(x) = x^+ = \max(0, x) \tag{12.2}$$

● Maxout 関数

$$g(x) = \max_k \boldsymbol{w}_k^T \boldsymbol{x} \tag{12.3}$$

(3) DropOut

ニューラルネットワークでは，学習データに対して良い精度を示しながら，未知データに対して十分な精度を実現できないことがある．これは，過学習と呼ばれる．ディープニューラルネットワークにおいて，過学習を解決する方法として DropOut という手法がある．DropOut は，学習ステップごとに，一定割合のノードをランダムに選択し，それに対するネットワークを消去して改めて学習を行う方法である．

12.2 ◆ 例題

(1) データの準備

株価の予測問題を扱うことにする．データは csv 形式で準備する必要がある．学習データを train.csv，判別データを test.csv とする．データの一部を**図 12.2** に示す．

132　第Ⅱ部　機械学習

y	x1	x2	x3	x4	x5	x6	x7	x8	x9
15795.96	15820.96	15695.89	15391.56	15005.73	14980.16	15383.91	15007.06	14914.53	14619.13
15820.96	15695.89	15391.56	15005.73	14980.16	15383.91	15007.06	14914.53	14619.13	14008.47
15695.89	15391.56	15005.73	14980.16	15383.91	15007.06	14914.53	14619.13	14008.47	14180.38
15391.56	15005.73	14980.16	15383.91	15007.06	14914.53	14619.13	14008.47	14180.38	14155.12
15005.73	14980.16	15383.91	15007.06	14914.53	14619.13	14008.47	14180.38	14155.12	14462.41
14980.16	15383.91	15007.06	14914.53	14619.13	14008.47	14180.38	14155.12	14462.41	14718.34
15383.91	15007.06	14914.53	14619.13	14008.47	14180.38	14155.12	14462.41	14718.34	14800.06
15007.06	14914.53	14619.13	14008.47	14180.38	14155.12	14462.41	14718.34	14800.06	14534.74
14914.53	14619.13	14008.47	14180.38	14155.12	14462.41	14718.34	14800.06	14534.74	14313.03
14619.13	14008.47	14180.38	14155.12	14462.41	14718.34	14800.06	14534.74	14313.03	14393.11
14008.47	14180.38	14155.12	14462.41	14718.34	14800.06	14534.74	14313.03	14393.11	14843.24
14180.38	14155.12	14462.41	14718.34	14800.06	14534.74	14313.03	14393.11	14843.24	14766.53
14155.12	14462.41	14718.34	14800.06	14534.74	14313.03	14393.11	14843.24	14766.53	14449.18
14462.41	14718.34	14800.06	14534.74	14313.03	14393.11	14843.24	14766.53	14449.18	14865.67

図 12.2　演習で用いる学習データの一部

(2) h2o パッケージの利用と h2o プロセスの初期化

パッケージ h2o をインストールするために次のように入力する.

```
> install.packages("h2o")
```

ライブラリ h2o を読み込む.

```
> library(h2o)
```

コマンド h2o.init() を用いて, 環境の初期化をし, h2o プロセスを起動する.

```
> h2oinit <- h2o.init(ip="localhost", port=54321, startH2O=TRUE,
nthreads=-1)
```

ここで, ip は h2o を実行するサーバー (計算機) を示しており, ip="localhost" はローカルホスト (コマンド入力している計算機) を意味している. port=54321 は h2o を実行するサーバーの番号である. startH2O は h2o を R から実行するかどうかを示しており, startH2O=TRUE は R から実行することを意味している. nthreads は h2o を実行するスレッドの数を示しており, nthreads=-1 の場合は利用可能な全ての CPU を計算に利用することを示しています.

(3) データの変換

h2oで扱うデータは，最初にtext形式やcsv形式として用意し，h2oオブジェクト形式に変換する必要がある．このために，コマンド h2o.importFile() を利用する．あらかじめ，csv形式ファイルは，Rのプロジェクトフォルダに格納する必要がある．Rのプロジェクトフォルダは，Windowsではユーザーのドキュメントフォルダ内のサブフォルダRである．ここで，学習データを変数 h2o.data，実験データを変数 h2o.data2 とする．以下に，入力コマンドと結果を示す．

```
> h2o.data <- h2o.importFile(path="train.csv")
  |==============================================| 100%
```

```
> h2o.data2 <- h2o.importFile(path="test.csv")
  |==============================================| 100%
```

(4) 回帰式の学習と推定

コマンド h2o.deeplearning() を用いて判別式を学習する．

```
> h2o.res <- h2o.deeplearning(x=2:10,y=1,training_frame=h2o.data,
  activation="Rectifier",hidden=c(30,50,30),epochs=50000)
```

ここで，training_frame=h2o.data は学習データファイル名が h2o.data であることを示している．x=2:10 と y=1 は学習データ h2o.data のデータ構造と関連している．学習データ h2o.data は10列のデータからなっており，第1列が目的変数y，第2列から第10列が説明変数x1〜x9となっている．y=1 は目的変数が第1列目であることを，x=2:10 は説明変数が第2列目から第10列目であることを示している．activation="Rectifier" は，活性化関数として Rectifier を用いることを示している．hidden=c(30,50,30) は中間層が3層からなり，それぞれのノード数が30，50，30であることを示している．最後に，epochs=50000 は学習回数である．

テストデータ h2o.data2 に対する予測を行うためにコマンド h2o.predict を用いる．

134 第Ⅱ部 機械学習

```
> h2o.res2 <- h2o.predict(object=h2o.res,newdata=h2o.data2)
  |===============================================| 100%
> h2o.res2
   predict
1 16117.18
2 16081.73
3 15622.02
4 15877.44
5 15513.50
6 15603.45

[10 rows x 1 column]
```

　ここで，object=h2o.res は，予測に用いるルールが h2o.res であることを示している．また，newdata=h2o.data2 は，予測データがデータ h2o.data2 であることを示している．

12.3 ◆ 問題

Rに組み込まれているFisherとAndersonによるアヤメの分類データセット iris を用いる．同じ問題を，すでに他の手法で判別している．ここでは，深層学習を用いて以下のことを行いなさい．

```
> data(iris)
> head(iris)
  Sepal.Length Sepal.Width Petal.Length Petal.Width Species
1          5.1         3.5          1.4         0.2  setosa
2          4.9         3.0          1.4         0.2  setosa
3          4.7         3.2          1.3         0.2  setosa
4          4.6         3.1          1.5         0.2  setosa
5          5.0         3.6          1.4         0.2  setosa
6          5.4         3.9          1.7         0.4  setosa
```

① 学習データについて，Species を目的変数，他の4変数を説明変数として判別関数を決定しなさい．

② 判別関数を実験データの判別に適用しなさい．

付 録

R の基礎及び解答

付録 1　Windows 環境への R のインストール
付録 2　R の簡単な演算
付録 3　問題の解答例

付録 **1**

Windows 環境への
R のインストール

(1) Rのインストール

https://cran.r-project.org/ にアクセスすると次のページが開く．

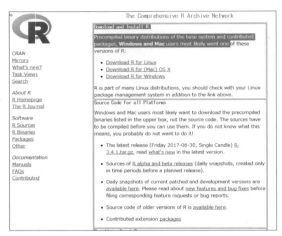

図 A.1 　 R のホームページ

対応する OS のページをクリックする．続いて，base をクリックすると，ダウンロードリンクが見られる．本書執筆の時点では，「Download R 3.4.1 for Windows」となっている．

図 A.2 　ダウンロードリンク

リンクをクリックするとバイナリ・データ R-3.4.1-win.exe が得られる．

図 A.3 　 R のバイナリデータ・ファイル

言語選択画面が表示されるので「日本語」を選択する．

図 A.4　言語選択画面

「セットアップウィザードを開始します」と表示されるので「次へ」を選択する．

図 A.5　セットアップウィザードの開始画面

GNU General Public License が表示されるので，「次へ」を選択する．

図 A.6　GNU General Public License 画面

続いて，インストール先を指定するウィンドウが表示される．デフォルトの設定のままで，「次へ」を選択する．

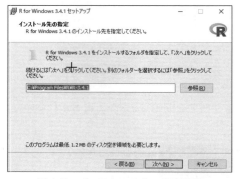

図 A.7　インストール先の指定画面

コンポーネントの選択をデフォルトの設定のままで，「次へ」を選択する．

図 A.8　コンポーネント選択画面

起動時オプションをデフォルトの設定のままで，「次へ」を選択する．

図 A.9　起動時オプション画面

プログラムグループをデフォルトの設定のままで,「次へ」を選択する.

図 A.10　プログラムグループの指定画面

追加タスクの選択をデフォルトの設定のままで,「次へ」を選択する.

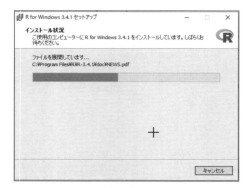

図 A.11　インストール状況画面

「完了」を選択する．

図 A.12　セットアップウィザードの完了画面

(2) R Studio のインストール

R の統合開発環境として R Studio をインストールする．

https://www.rstudio.com/products/rstudio/download/ をクリックする．

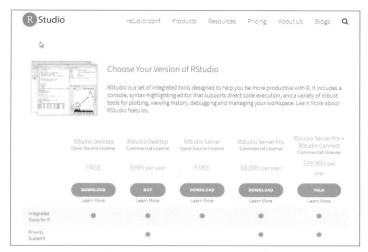

図 A.13　R Studio のホームページ

対応する OS の R Studio インストーラをダウンロードする．

図 A.14　R Studio のインストーラファイル

アイコンをダブルクリックしてインストールする．途中の設定はデフォルトのままとする．

(3) R Studio の使用方法

R Studio をスタートメニューまたは検索から入力する．起動すると次のウィンドウが開く．

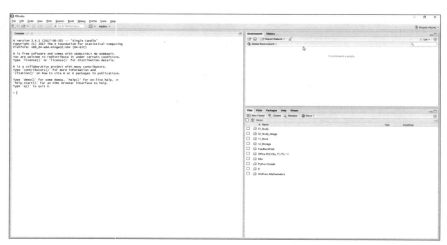

図 A.15　R Studio のウィンドウ

　左側のウィンドウにプログラムを入力する．それに対応して，変数が右上に表示される．右下のウィンドウにはグラフィックが表示される．

付 録 2

R の簡単な演算

148 付録 Rの基礎及び解答

(1) 変数の型

Rで用いる変数の型には，数値型（numeric），文字型（character），論理型（logical），因子型（factor）がある．

論理型は整数や実数などの数値を，文字型はテキスト文字列（" でくくった文字列）を，論理型は真偽値である真（TRUE, T）と偽（FALSE, F）を扱う．因子型は文字列に順序番号を付けたような変数である．

ベクトル（または、リスト）を定義するためにはコマンドc()を用いる．

```
> x <- c(5,4,3)
> x
[1] 5 4 3
```

変数の型を変換するためには以下のコマンドを用いる．

- as.character()…変数を文字型に変換する
- as.factor()…変数を因子型に変換する
- as.numeric()…変数を数値型に変換する
- as.logical()…変数を論理型に変換する

Rに特徴的な変数は因子型である．文字列ベクトルを定義し，それを因子型に変換すると以下のようになる．

```
> a <- c("i","g","h")
> fa <- as.factor(a)
> a
[1] "i" "g" "h"
> fa
[1] i g h
Levels: g h i
```

ここで,ベクトルaは変数が(")でくくられた文字となっているのに対して，ベクトルfaはレベル（Levels）を有している．aとfaを数値に変換すると次のようになる．

```
> as.numeric(a)
[1] NA NA NA
Warning message:
NAs introduced by coercion
> as.numeric(fa)
[1] 3 1 2
```

　ベクトル a は文字列なので数値に変換できず NA（Not Available）となっている．ベクトル fa は数値で表示されている．この場合，ベクトル成分は g, h, i の 3 種類なので，アルファベット順に番号付けされて，g が 1，h が 2，i が 3 と表示されている．

　このように因子型は，ラベルに何らかの順序が付けられたものと考えることができる．順序はアルファベット順や，定義された順などに基づいて自動で付けられる．

(2) 四則演算

　四則演算には +-*/ を用いる．その他に，累乗には ^，剰余算には %% を用いる．**図 A.15** の左側のウィンドウに数式を入力して Enter キーを入力すると演算結果が表示される．

```
> (10+5)/3
[1] 5
> 5%%2
[1] 1
```

　ここで，[1] に続いて演算結果が表示される．

　また，以前の入力を再び参照するためには，カーソルキーの上矢印「↑」と下矢印「↓」を用いる．入力を修正する場合は，左右の矢印「→」「←」でカーソルを移動して修正する．

　R において様々な数学関数を利用することができる．正弦関数 sin()，余弦関数 cos()，正接関数 tan() 等が利用できる．例えば，円周率は pi で与えられる．次のように入力する．

150 付録 Rの基礎及び解答

```
> pi
[1] 3.141593
> sin(pi/4)
[1] 0.7071068
```

(3) 行列とベクトルの演算

ベクトル v_a, v_b を

$$v_a = \{1, 2, 3\}$$
$$v_b = \{10, 100, 1000\}$$

と定義し，それらの内積

$$v_a \cdot v_b = 1 \times 10 + 2 \times 100 + 3 \times 1000 = 3210$$

を計算するためには次のように入力する．

```
> va <- c(1,2,3)
> va
[1] 1 2 3
> vb <- c(10,100,1000)
> vb
[1]   10  100 1000
> va %*% vb
     [,1]
[1,] 3210
```

ここで，コマンド c() は，括弧の中にカンマ区切りで記載した要素からなるベクトルを定義する．そして，%*% はそれらの内積を計算する．

● 連立方程式

$$m_a x = v_b$$
$$m_a = \begin{bmatrix} 2 & 1 \\ 1 & -2 \end{bmatrix}, v_b = \begin{Bmatrix} 1 \\ 3 \end{Bmatrix}$$

の解を求めるためには，行列とベクトルを定義し，コマンド solve() を用いる．

```
> ma<-matrix(c(2,1,1,-2),2,2)
> ma
     [,1] [,2]
[1,]    2    1
[2,]    1   -2
> vb<-matrix(c(1,3),2,1)
> vb
     [,1]
[1,]    1
[2,]    3
> solve(ma,vb)
     [,1]
[1,]    1
[2,]   -1
```

matrix(c(2,1,1,-2),2,2) において c(2,1,1,-2) は 4 要素のベクトルを定義する．コマンド matrix を用いることで，4 要素のベクトルを 2 行 2 列の行列 m_a に変換する．ベクトル v_b についても同様にして，2 行 1 列のベクトルを定義している．コマンド solve() は行列 m_a を係数行列，ベクトル v_b を右辺ベクトルとする連立方程式の解を求める．

(4) グラフのプロット

グラフを描くためにはコマンド plot() を用いる．まず，離散点をグラフに描くためには次のように入力する．

```
> xx <- c(1,2,5)
> yy <- c(10,-5,20)
> plot(xx,yy)
```

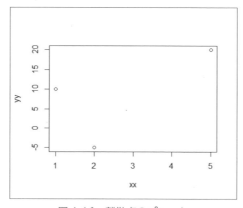

図 A.16　離散点のプロット

また，正弦関数を $-\pi \leq x \leq \pi$ で描くためには次のように入力する．

```
> plot(sin, -pi, pi)
```

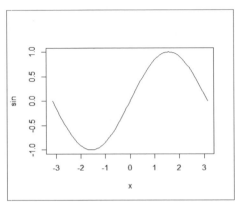

図 A.17　正弦曲線のプロット

(5) コマンドのヘルプ表示

コマンドのヘルプを表示するためには，コマンド help() を用いる．例えば，コマンド plot() のヘルプを表示するためには次のように入力する．

```
> help(plot)
```

図 A.18　コマンドのヘルプの表示例

付録 3

問題の解答例

154 付録 Rの基礎及び解答

＞ **2章の問題**

　総務統計局の家計調査（2000年以降の時系列結果―2人以上の世帯）のデータにおいて，家計の総支出に対する支出項目ごとの相関分析を行い，総支出の線形重回帰式を決定することを考える．

　総務統計局の家計調査（2000年以降の時系列結果―2人以上の世帯）のデータを利用する．サイトからデータをダウンロードし，必要データだけを整理する．一部だけを表示すると以下のようになる．

	A	B	C	D	E	F	G	H	I	J
1	total	food	house	energy	furniture	cloth	medical	trans	education	amenity
2	309621	66863	16557	24955	9241	18368	10749	31231	12527	29620
3	290663	68872	18454	25677	8721	13673	11679	30968	14478	28000
4	335341	74025	18399	25331	10427	17428	11661	38961	17698	34350
5	335276	72157	18815	22908	8959	17032	11153	41060	24041	32382
6	308566	75402	19244	21074	10685	17284	11239	35889	11511	32399
7	297648	71592	21445	18435	11252	16037	11047	34111	9375	30647
8	326480	74206	24477	18610	14417	17319	11764	40336	11263	34338
9	309993	76242	18669	20289	10575	12013	11052	35290	8517	36632
10	296457	71947	19445	20701	9724	12473	9889	36348	16241	28501

図 A.19　家計調査データの一部

　列はある月におけるデータを示す．左から，消費支出（総支出，total），食料（food），住居（house），光熱・水道（energy），家具・家事用品（furniture），被服及び履物（cloth），保健医療（medical），交通・通信（trans），教育（education），教養娯楽（amenity），その他の消費支出（others）となっている．その他の消費支出には，お小遣い，交際費，仕送りなどが含まれている．

　あらかじめ，csv形式ファイルは，Rのプロジェクトフォルダに格納する必要がある．Rのプロジェクトフォルダは，Windowsではユーザーのドキュメントフォルダ内のサブフォルダRである．ここで，csvファイルをexercise02.csvとする．csv形式のファイルを取り込むために，コマンド `read.table()` を用いて次のように入力する．

付録 3　問題の解答例　**155**

```
> ex021.data <- read.table("exercise02.csv",header=T,sep=",")
> ex021.data
    total  food house energy furniture cloth medical trans
1  309621 66863 16557  24955      9241 18368   10749 31231
2  290663 68872 18454  25677      8721 13673   11679 30968
3  335341 74025 18399  25331     10427 17428   11661 38961
```

　ここで，read.table("exercise02.csv",header=T,sep=",") において，"exercise02.csv" はデータファイル名，header=T はファイルの 1 行目が変数名であることを示している．また，sep="," は，データがカンマ区切りであることを示している．

　最初に，消費支出に対して影響の大きい変数が何かを考えてみるために，変数間の相関係数を求めるために以下のように入力する．

```
> ex021.cc.res <- cor(ex021.data)
> ex021.cc.res
                total        food        house       energy
total     1.0000000   0.6871198   0.54757531   0.1732654
food      0.6871198   1.0000000   0.60584970  -0.1597440
house     0.5475753   0.6058497   1.00000000  -0.3637122
energy    0.1732654  -0.1597440  -0.36371219   1.0000000
furniture 0.5159888   0.7200802   0.63846895  -0.3473276
cloth     0.6820442   0.3375679   0.42834339   0.0117480
medical   0.2318444   0.2933743   0.15293147   0.0737391
trans     0.3647918   0.1930928   0.04097647   0.1595540
education 0.2601125  -0.1868496  -0.12259179   0.2047570
amenity   0.7473482   0.6324076   0.54643271  -0.1999677
```

　第 2 列目が，変数（total）に対する他の変数の相関係数である．これからわかるように，変数（total）と相関性が高いものを上位 3 つ選ぶと教養娯楽（amenity），食料（food），被服及び履物（cloth）であり，低いものを 3 つ選ぶと光熱・水道（energy），保健医療（medical），教育（education）である．相関性の低い変数は固定費であって，変動が少ないためと想像される．

　続いて，線形重回帰式を決定することを考える．相関性が高いものを上位 3 つの変数である教養娯楽（amenity），食料（food），被服及び履物（cloth）を用いて消費支出（total）の回帰式を決定すると次のようになる．

156 付録 Rの基礎及び解答

```
> ex021.lm <- lm(total~+food+cloth+amenity, data=ex021.data)
> summary(ex021.lm)

Call:
lm(formula = total ~ +food + cloth + amenity, data = ex021.data)

Residuals:
      Min       1Q   Median       3Q      Max
-23216.8  -7445.3     75.1   7108.2  25376.4

Coefficients:
              Estimate Std. Error t value Pr(>|t|)
(Intercept) 7.464e+04  8.938e+03   8.351 9.28e-15 ***
food        1.117e+00  1.586e-01   7.042 2.69e-11 ***
cloth       3.881e+00  3.123e-01  12.425  < 2e-16 ***
amenity     3.109e+00  3.294e-01   9.438  < 2e-16 ***
---
Signif. codes:  0 '***' 0.001 '**' 0.01 '*' 0.05 '.' 0.1 ' ' 1

Residual standard error: 9911 on 209 degrees of freedom
Multiple R-squared:  0.7902,    Adjusted R-squared:  0.7872
F-statistic: 262.4 on 3 and 209 DF,  p-value: < 2.2e-16
```

　得られた回帰式で元のデータの予測を行い，予測精度を測定する．まず，予測を行うためにコマンド predict() を用いる．そして，計算誤差を変数 ex021.error に代入するために以下のように入力する．

```
> ex021.pred <- predict(ex021.lm)
> ex021.error <- (ex021.data$total/ex021.pred - 1) *100
> data.frame(ex021.data$total, ex021.pred, ex021.error)
   ex021.data.total ex021.pred  ex021.error
1            309621   312705.8  -0.986487480
2            290663   291694.4  -0.353592860
3            335341   331764.4   1.078045853
4            335276   322022.5   4.115713851
5            308566   326678.4  -5.544406410
```

　ここで，ex021.pred <- predict(ex021.lm) は予測結果を変数 ex021.pred に代入している．そして，ex021.error <- (ex021.data$total/ex021.pred - 1) *100 は，変数 ex021.data$total（データ ex021.data の中の total を意味する）と予測値 ex021.pred の相対誤差を計算している．最後に，data.frame(ex021.data$total, ex021.pred, ex021.error) は，3つの数値を3列に並べて表示している．

❯3章の問題

英語，数学，国語，理科，社会を，それぞれ変数 eng, math, nat, sci, soc に入力する．

```
> eng<-c(60,100,80,60,70)
> math<-c(20,80,50,80,100)
> nat<-c(70,80,60,40,80)
> sci<-c(50,90,70,80,70)
> soc<-c(70,80,80,60,50)
```

寄与率を計算するためにコマンド prcomp() を用いる．

```
> ex03.data<-data.frame(eng,math,nat,sci,soc)
> ex03.pca<-prcomp(ex03.data)
> ex03.pca
Standard deviations (1, .., p=5):
[1] 3.433846e+01 2.192378e+01 1.623565e+01 2.573342e+00
[5] 2.826006e-16

Rotation (n x k) = (5 x 5):
            PC1         PC2         PC3         PC4
eng    0.19875895 -0.6895365 -0.12731150  0.3047111
math   0.90217096  0.1951055  0.07156486  0.3121106
nat    0.07901222 -0.4643176  0.79946308 -0.2854045
sci    0.34337820 -0.2136420 -0.45633163 -0.7908015
soc   -0.14976956 -0.4745941 -0.36234029  0.3208043
            PC5
eng    0.61316984
math  -0.21327647
nat   -0.23993603
sci   -0.05331912
soc   -0.71980808
> summary(ex03.pca)
Importance of components%s:
                          PC1     PC2     PC3     PC4
Standard deviation     34.3385 21.924 16.2356 2.57334
Proportion of Variance  0.6109  0.249  0.1366 0.00343
Cumulative Proportion   0.6109  0.860  0.9966 1.00000
                          PC5
Standard deviation     2.826e-16
Proportion of Variance 0.000e+00
Cumulative Proportion  1.000e+00
```

第2主成分までで累積寄与率は 0.86 となっているので，第2主成分までを採用すればよい．変換行列の成分値は変数 ex03.pca$rotation に保存されている．

```
> ex03.pca$rotation
              PC1         PC2          PC3        PC4
eng    0.19875895 -0.6895365 -0.12731150  0.3047111
math   0.90217096  0.1951055  0.07156486  0.3121106
nat    0.07901222 -0.4643176  0.79946308 -0.2854045
sci    0.34337820 -0.2136420 -0.45633163 -0.7908015
soc   -0.14976956 -0.4745941 -0.36234029  0.3208043
              PC5
eng    0.61316984
math  -0.21327647
nat   -0.23993603
sci   -0.05331912
soc   -0.71980808
```

係数の数値を小数点以下3桁で四捨五入して採用すると，第1主成分と第2主成分の関係式は次式となる．

$$PC1 = 0.198 \times eng + 0.902 \times math + 0.079 \times nat + 0.343 \times sci - 0.150 \times soc$$

$$PC2 = -0.690 \times eng + 0.195 \times math - 0.464 \times nat - 0.214 \times sci - 0.475 \times soc$$

主成分を計算するためには，データ ex03.data と回転行列 ex03.pca$rotation の積を計算すればよい．このために，次のように入力する．

```
> ex03.pc <- crossprod(t(ex03.data),ex03.pca$rotation)
> ex03.pc
          PC1        PC2         PC3        PC4       PC5
[1,]  42.18485 -113.87600   1.574621 -12.537212 -37.32338
[2,] 117.29302 -147.68592 -13.105985 -12.900195 -37.32338
[3,]  77.80491 -126.18916 -19.569330  -6.833615 -37.32338
[4,] 105.74378  -89.90345 -28.181926 -12.180531 -37.32338
[5,] 126.99920 -104.58705  12.141498  -9.607416 -37.32338
```

ここで，crossprod(t(ex03.data),ex03.pca$rotation) はベクトル t(ex03.data) とベクトル ex03.pca$rotation の内積を計算している．t(ex03.data) は ex03.data の転置を計算している．

このうち，主成分分析に結果採用された第1主成分(PC1)と第2主成分(PC2)だけを取り出してグラフにプロットするために，次のように入力する．

```
> pc1 <- ex03.pc[,1]
> pc2 <- ex03.pc[,2]
> plot(pc1,pc2)
```

この結果次のようなグラフを得る．

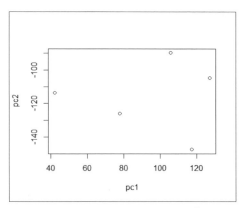

図 A.20　主成分についてのデータ・プロット

グラフから，5名がおおよそ2つのグループに分類できることがわかる．もともと，5つの説明変数で定義されたデータであるが，このように主成分分析によって説明変数を2変数まで減らすことで，グラフ化できた．

4章の問題

　年齢と性別を説明変数として，購入するかしないかの判別式を決定する．まず，年齢，性別，購入判断を，それぞれ変数 age，gen，buy に入力する．コマンド qda() を用いて，購入判断を年齢と性別の関数として判別式を決定する．

```
> age<-c(25,35,70,50,30,20,40)
> gen<-c("m","f","m","f","f","f","m")
> buy<-c("yes","no","no","no","no","yes","yes")
> ex04.data<-data.frame(age,gen,buy)
> library(MASS)
> ex04.qda<-qda(buy~.,data=ex04.data)
> ex04.qda
Call:
qda(buy ~ ., data = ex04.data)

Prior probabilities of groups:
       no       yes
0.5714286 0.4285714

Group means:
         age       genm
no  46.25000 0.2500000
yes 28.33333 0.6666667
```

　判別式を決定するために用いた学習データに対する推定を行うために，コマンド predict() を用いて次のように入力する．

```
> ex04.pred<-predict(ex04.qda)
> ex04.pred
$class
[1] yes no  no  no  no  yes yes
Levels: no yes

$posterior
           no           yes
1 7.008215e-07 9.999993e-01
2 9.411049e-01 5.889515e-02
3 9.999928e-01 7.151231e-06
4 9.996316e-01 3.684227e-04
5 7.783952e-01 2.216048e-01
6 1.856232e-01 8.143768e-01
7 1.687951e-03 9.983120e-01
```

付録3 問題の解答例 **161**

　学習データに対しては正しく判断されていることがわかる．そこで，実験データについて予測をすると次のようになる．ここでは，判別したいデータを ex04.data2 とする．

```
> age<-c(20,25,45,50,60,60,70)
> gen<-c("m","f","f","m","m","f","f")
> ex04.data2<-data.frame(age,gen)
> ex04.data2
  age gen
1  20   m
2  25   f
3  45   f
4  50   m
5  60   m
6  60   f
7  70   f
> ex04.pred2<-predict(ex04.qda,ex04.data2)
> ex04.pred2
$class
[1] yes yes no  yes no  no  no
Levels: no yes

$posterior
            no           yes
1 6.360431e-08 9.999999e-01
2 4.600036e-01 5.399964e-01
3 9.977534e-01 2.246614e-03
4 3.320806e-01 6.679194e-01
5 9.954048e-01 4.595217e-03
6 9.999926e-01 7.352659e-06
7 9.999999e-01 9.900123e-08
```

　学習データのうち変数 buy が yes/no のものをそれぞれ赤と青で，判別データのうち変数 buy が yes/no のものをそれぞれ黄と緑でグラフに表示すると次のようになる．

```
> plot(ex04.data$age,ex04.data$gen,xlim=c(20,80),xlab="Age",ylab=
"Man/woman",col=ifelse(ex04.data$buy=="yes","red","blue"))
> par(new=TRUE)
> plot(ex04.data2$age,ex04.data2$gen,xlim=c(20,80),xlab="",ylab="
",col=ifelse(ex04.pred2$class=="yes","yellow","green"))
```

　1 行目において，ex04.data$age はマーカーの x 座標，ex04.data$gen はマーカーの y 座標を示す．xlim=c(20,80) は，x 軸の範囲を 20 〜 80 で

プロットすることを指定している．xlab="Age" と ylab="Man/Woman" は，それぞれ x 軸と y 軸のラベルを定義している．また，col=ifelse(ex04.data$buy=="yes","red","blue") は，変数 ex04.data$buy が "yes" のときに赤，そうでないときに青で表示する．

2 行目のコマンド par(new=TRUE) は，次のグラフを重ね書きするときに前のグラフを消さないように指定する．

3 行目の関数において，xlab="" と ylab="" はラベルを表示しないことを示す．最後に，ex04.pred2$class は判別データの予測結果を示している．

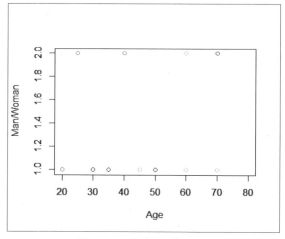

図 A.21　データのプロット

グラフにおいて縦軸は性別を示しているので 2 値であるから，1 または 2 の値をとっている．

⟩ 5章の問題

　弁護士によるアメリカの高等裁判所判事43名の評価データは次のように
なっている.

```
> USJudgeRatings
                CONT INTG DMNR DILG CFMG DECI PREP FAMI ORAL
AARONSON,L.H.    5.7  7.9  7.7  7.3  7.1  7.4  7.1  7.1  7.1
ALEXANDER,J.M.   6.8  8.9  8.8  8.5  7.8  8.1  8.0  8.0  7.8
ARMENTANO,A.J.   7.2  8.1  7.8  7.8  7.5  7.6  7.5  7.5  7.3
BERDON,R.I.      6.8  8.8  8.5  8.8  8.3  8.5  8.7  8.7  8.4
BRACKEN,J.J.     7.3  6.4  4.3  6.5  6.0  6.2  5.7  5.7  5.1
BURNS,E.B.       6.2  8.8  8.7  8.5  7.9  8.0  8.1  8.0  8.0
```

　判事の氏名に続けて，次の変数が記載されている.

- CONT…弁護士が裁判官と接触した回数
- INTG…判決の無欠性
- DMNR…態度
- DILG…勤勉
- CFMG…裁判の進行管理
- DECI…迅速な判決
- PREP…裁判に備える準備
- FAMI…法律に熟知
- ORAL…口頭による適切な判決
- WRIT…書面による適切な判決
- PHYS…身体的能力
- RTEN…人物性

　データ間のユークリッド距離をコマンド dist() を用いて計算する.

```
> ex02.dist<-dist(USJudgeRatings)
> ex02.dist
                 AARONSON,L.H. ALEXANDER,J.M. ARMENTANO,A.J.
ALEXANDER,J.M.      3.1000000
ARMENTANO,A.J.      1.8520259      2.1908902
BERDON,R.I.         4.2047592      1.5459625      3.2419130
BRACKEN,J.J.        6.8782265      9.2973114      7.1791364
```

k-means法を用いてクラスタリングし，表示すると次のようになる．

```
> ex02.cls <- hclust(ex02.dist)
> par(ps=6)
> plot(ex02.cls)
```

ここで，par(ps=6)は，文字のフォントサイズを6ポイントに指定することを意味している．デフォルトのフォントサイズでは文字が大きすぎて名前が重なってしまうために，このように指定している．

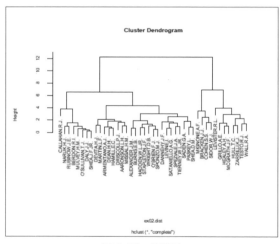

図 A.22　樹形図

▶ 7 章の問題 1（判別分析）

データセット iris を利用するためには data(iris) と入力する．データレコードのうち最初の数行だけを表示するために head(iris) と入力する．

```
> data(iris)
> head(iris)
  Sepal.Length Sepal.Width Petal.Length Petal.Width Species
1          5.1         3.5          1.4         0.2  setosa
2          4.9         3.0          1.4         0.2  setosa
3          4.7         3.2          1.3         0.2  setosa
4          4.6         3.1          1.5         0.2  setosa
5          5.0         3.6          1.4         0.2  setosa
6          5.4         3.9          1.7         0.4  setosa
```

左から，がく片の長さ Sepal.Length，がく片の幅 Sepal.Width，花弁の長さ Petal.Length，花弁の幅 Petal.Width，品種 Species である．品種 Species は質的変数，他の 4 変数は量的変数となる．

$$y = g_{NN}(x_1, x_2, x_3, x_4)$$

データセット iris から一部を学習データセット，一部を実験データセットに分けて保存する．少し冗長ではあるが，コマンドの使い方を兼ねて説明していくこととする．

データセットに含まれるデータの総数はコマンド nrow() で求めることができて，150 個であることがわかる．

```
> nrow(iris)
[1] 150
```

この 4/5 を学習データセット，1/5 を実験データセットとして保存することにする．1 〜 150 の数値のうち，ランダムに 120 個を選択するためにコマンド sample() を用いる．その結果を，変数 idex に保存する．

166 付録 Rの基礎及び解答

```
> idex <- sample(nrow(iris),nrow(iris)*4/5)
> idex
  [1] 104   93   18   79   46 107 110   30   17 133   20    6 121 111
 [15] 120   11   74   25   65 145   21   59 118 146   90 101 125 100
 [29]  47 143   82   51 129   15   52 105   99   70 131   31   69   34
 [43]  27    9    3 142   24   54 150 137   26 126 114    1 141   45
 [57]  37   50 124   94   43   68   91   16 147   55 112   61 103 102
 [71]   4   56    7   98 127 116 109   41   14   57 139   63   29 148
 [85]  22   84   19 149   32    5 106   36   88   72   66   42    2   87
 [99]   8   77   85   38   75 123   97 115 136   44   12   23   62   33
[113] 135 108   39   96   64   73 113   89
```

ここで，sample(nrow(iris),nrow(iris)*4/5) において，最初の nrow(iris) は 1 から nrow(iris)（＝ 150）までの値から一様乱数で整数値を選択することを意味している．2 番目の nrow(iris)*4/5 は，選択する整数の個数が nrow(iris)*4/5 ＝ 120 個であることを意味している．

変数 idex に保存された数値のデータを学習データセット iris.train. data に保存するように次のように入力する．

```
> iris.train.data <- iris[idex,]
> nrow(iris.train.data)
[1] 120
> head(iris.train.data)
    Sepal.Length Sepal.Width Petal.Length Petal.Width
104          6.3         2.9          5.5         1.8
93           5.8         2.6          4.0         1.2
18           5.1         3.5          1.4         0.3
79           6.0         2.9          4.5         1.5
46           4.8         3.0          1.4         0.3
107          4.9         2.5          4.5         1.7
        Species
104  virginica
93  versicolor
18      setosa
79  versicolor
46      setosa
107  virginica
```

ここで，iris[idex,] は idex に保存された整数値を番号とするデータを示す．

続いて，学習データセット iris.train.data に保存された以外のデータを実験データセット iris.test.data に保存するように次のように入力する．

付録3 問題の解答例 **167**

```
> iris.test.data <- iris[-idex,]
> nrow(iris.test.data)
[1] 30
> head(iris.test.data)
   Sepal.Length Sepal.Width Petal.Length Petal.Width Species
10          4.9         3.1          1.5         0.1  setosa
13          4.8         3.0          1.4         0.1  setosa
28          5.2         3.5          1.5         0.2  setosa
35          4.9         3.1          1.5         0.2  setosa
40          5.1         3.4          1.5         0.2  setosa
48          4.6         3.2          1.4         0.2  setosa
```

　ここで, iris[-idex,] は idex に保存された整数値を番号とする数値デー
タを除外したデータを示す.

　ニューラルネットワークを利用するためにライブラリ nnet を読み込む. 続
いて, コマンド nnet() を用いて, 3 層構造のニューラルネットワークにおい
て, 中間層のノード数を 8 として判別式を学習する.

```
> library(nnet)
> iris.nn.res <- nnet(Species~., data=iris.train.data, size=8)
# weights:  67
initial  value 180.380255
iter  10 value 30.834971
iter  20 value 3.420988
iter  30 value 2.164416
iter  40 value 1.531326
iter  50 value 0.020621
iter  60 value 0.002854
iter  70 value 0.000387
final   value 0.000077
converged
```

　コマンド nnet() において data=iris.train.data はデータセット
iris.train.data のデータを利用することを示す. size=8 は中間層のノー
ド数が 8 であることを, Species~. は変数 Species を目的変数, 他の 4 変
数を説明変数として関係式を決定することを示している.

　パラメータ値を表示するためには, コマンド summary() を用いる.

168 付録 Rの基礎及び解答

```
> summary(iris.nn.res)
a 4-8-3 network with 67 weights
options were - softmax modelling
  b->h1  i1->h1  i2->h1  i3->h1  i4->h1
  6.70   13.83   33.42  -46.16  -21.79
  b->h2  i1->h2  i2->h2  i3->h2  i4->h2
 -4.25   13.32   33.40  -32.93    6.19
```

　もう少し詳しい情報については，コマンド str() を利用して表示すること
ができる．

```
> str(iris.nn.res)
List of 19
 $ n       : num [1:3] 4 8 3
 $ nunits  : int 16
 $ nconn   : num [1:17] 0 0 0 0 0 0 5 10 15 20 ...
 $ conn    : num [1:67] 0 1 2 3 4 0 1 2 3 4 ...
```

　学習データを判別するためにコマンド predict() を用いて次のように入力
する．

```
> iris.nn.pred <- predict(iris.nn.res)
> head(iris.nn.pred)
          setosa      versicolor      virginica
104 3.462760e-24 6.005871e-26 1.000000e+00
93  2.337765e-31 1.000000e+00 1.543126e-46
18  1.000000e+00 1.895748e-19 2.419112e-66
79  2.337765e-31 1.000000e+00 1.543126e-46
46  1.000000e+00 1.895748e-19 2.419112e-66
107 1.049023e-22 9.531563e-24 1.000000e+00
```

　ここで，iris.nn.pred <- predict(iris.nn.res) は，iris.nn.res の
予測結果を変数 iris.nn.pred に代入することを意味している．head(iris
.nn.pred) は，iris.nn.pred の先頭の数行だけを表示している．ここで，
setosa，versicolor，virginica は iris の種類を表しており，その下
の数値は当該データが対応する品種である可能性を示している．例えば，デー
タ 104 においては，setosa，versicolor，virginica に対する可能性が，
それぞれ 3.462760e-24，6.005871e-26，1.000000e+00 であるから，
104 は virginica と判定していることがわかる．

結果において，学習に用いた正解データと予測データを比較して，最初の6件だけを表示すると次のようになる．

```
> head(data.frame(iris.train.data[5],iris.nn.pred))
        Species      setosa   versicolor    virginica
104    virginica 3.462760e-24 6.005871e-26 1.000000e+00
93    versicolor 2.337765e-31 1.000000e+00 1.543126e-46
18        setosa 1.000000e+00 1.895748e-19 2.419112e-66
79    versicolor 2.337765e-31 1.000000e+00 1.543126e-46
46        setosa 1.000000e+00 1.895748e-19 2.419112e-66
107    virginica 1.049023e-22 9.531563e-24 1.000000e+00
```

この結果より，データ104が確かにvirginicaであって正しく判定されていることがわかる．

すでに述べたように，iris.train.dataには，1行あたり5変数が記述されている．左から，Sepal.Length, Sepal.Width, Petal.Length, Petal.Width, Speciesである．iris.train.data[5]とは，5番目の変数Speciesを意味している．

実験データを判別するためにコマンドpredict()を用いて次のように入力する．

```
> iris.nn.pred2 <- predict(iris.nn.res,iris.test.data)
> head(iris.nn.pred2)
   setosa   versicolor    virginica
10      1 1.895748e-19 2.419112e-66
13      1 1.895748e-19 2.419112e-66
28      1 1.895748e-19 2.419112e-66
35      1 1.895748e-19 2.419112e-66
40      1 1.895748e-19 2.419112e-66
48      1 1.895748e-19 2.419112e-66
```

ここで，predict(iris.nn.res,iris.test.data)とはiris.nn.resに保存された判別ルールを用いてiris.test.dataを判別することを意味している．

続いて，実験データの予測精度を比較すると以下のようになり，正しく予測されていることがわかる．

170 付録 Rの基礎及び解答

```
> head(data.frame(iris.test.data[5],iris.nn.pred2))
   Species setosa  versicolor    virginica
10  setosa       1 1.895748e-19 2.419112e-66
13  setosa       1 1.895748e-19 2.419112e-66
28  setosa       1 1.895748e-19 2.419112e-66
35  setosa       1 1.895748e-19 2.419112e-66
40  setosa       1 1.895748e-19 2.419112e-66
48  setosa       1 1.895748e-19 2.419112e-66
```

⟩ 7 章の問題 2 （回帰分析）

データセット ToothGrowth を利用するためには data(ToothGrowth) と入力する．データレコードのうち最初の数行だけを表示するために head(ToothGrowth) と入力する．

```
> data(ToothGrowth)
> head(ToothGrowth)
   len supp dose
1  4.2   VC  0.5
2 11.5   VC  0.5
3  7.3   VC  0.5
4  5.8   VC  0.5
5  6.4   VC  0.5
6 10.0   VC  0.5
```

データセット ToothGrowth に登録されているデータの種類には，左から，歯の生長量 len，投与方法 supp，投与量 dose がある．len と dose は量的変数である．supp は質的変数であって，VC（アスコルビン酸）と OJ（オレンジジュース）の2つの値をとる．

$$y = g_{NN}(x_1, x_2)$$

データセット ToothGrowth から一部を学習データセット，一部を実験データセットに分けて保存する．

データセットに含まれるデータの総数はコマンド nrow() を利用すればわかり，60個であることがわかる．

```
> nrow(ToothGrowth)
[1] 60
```

この 4/5 を学習データセット，1/5 を実験データセットとして保存することにする．1～60 の数値のうち，ランダムに 48 個を選択するためにコマンド sample() を用いる．その結果を，変数 idex2 に保存する．

172　付録　Rの基礎及び解答

```
> idex2 <- sample(nrow(ToothGrowth),nrow(ToothGrowth)*4/5)
> idex2
 [1] 21 52 53 57  6 55 33 36 48 12 14 37 43 41 38 46 54 29 60
[20]  1 49 51 56 13 34 30  4 15 32 16 31 39 45  2 10 26  9 50
[39] 42 58 11 40 18 17 59  3 20  7
```

ここで，sample(nrow(ToothGrowth), nrow(ToothGrowth)*4/5)において，最初の nrow(ToothGrowth) は 1 から nrow(ToothGrowth)（= 60）までの値から一様乱数で整数値を選択することを意味している．2番目の nrow(ToothGrowth)*4/5 は，48個の数値を選択することを意味している．

変数 idex2 に保存された数値のデータを学習データセット ToothGrowth.train.data に保存するように次のように入力する．

```
> ToothGrowth.train.data <- ToothGrowth[idex2,]
> nrow(ToothGrowth.train.data)
[1] 48
> head(ToothGrowth.train.data)
    len supp dose
21 23.6   VC  2.0
52 26.4   OJ  2.0
53 22.4   OJ  2.0
57 26.4   OJ  2.0
6  10.0   VC  0.5
55 24.8   OJ  2.0
```

ここで，ToothGrowth[idex2,] は idex2 に保存された整数値を番号とするデータを示す．60個のデータのうち，4/5 の 48 個のデータが登録されていることがわかる．

続いて，学習データセット ToothGrowth.train.data に保存された以外のデータを実験データセット ToothGrowth.test.data に保存するように次のように入力する．

付録3　問題の解答例　**173**

```
> ToothGrowth.test.data <- ToothGrowth[-idex2,]
> nrow(ToothGrowth.test.data)
[1] 12
> head(ToothGrowth.test.data)
    len supp dose
5   6.4   VC  0.5
8  11.2   VC  0.5
19 18.8   VC  1.0
22 18.5   VC  2.0
23 33.9   VC  2.0
24 25.5   VC  2.0
```

　ここで，ToothGrowth[-idex2,] は idex に保存された整数値を番号と
する数値データを除外したデータを示す．

　ニューラルネットワークを利用するためにライブラリ nnet を読み込む．続
いて，コマンド nnet() を用いて，3 層構造のニューラルネットワークにおい
て，中間層のノード数を 12 として判別式を学習する．

```
> library(nnet)
> ToothGrowth.nn.res <- nnet(len~.,data=ToothGrowth.train.data,si
ze=12,linout=TRUE,maxit=100)
# weights:  49
initial  value 19920.832043
iter  10 value 561.744485
iter  20 value 521.854638
iter  30 value 521.731782
iter  40 value 521.729134
iter  50 value 521.682167
iter  60 value 517.912965
final  value 517.837611
converged
```

　コマンド nnet() において data=ToothGrowth.train.data はデータセット
ToothGrowth.train.data のデータを利用することを示す．size=12 は中
間層のノード数が 12 であることを，len~. は変数 len を目的変数，他の 2
変数を説明変数として関係式を決定することを示している．

　パラメータ値を表示するためには，コマンド summary() を用いる．

174 付録　Rの基礎及び解答

```
> summary(ToothGrowth.nn.res)
a 2-12-1 network with 49 weights
options were - linear output units
 b->h1 i1->h1 i2->h1
 -7.85  -7.42  -2.59
```

　もう少し詳しい情報については，コマンド str() を利用して表示すること
ができる．

```
> str(ToothGrowth.nn.res)
List of 19
 $ n          : num [1:3] 2 12 1
 $ nunits     : int 16
 $ nconn      : num [1:17] 0 0 0 0 3 6 9 12 15 18 ...
```

　学習データを判別するためにコマンド predict() を用いて次のように入力する．

```
> ToothGrowth.nn.pred <- predict(ToothGrowth.nn.res)
> head(ToothGrowth.nn.pred)
        [,1]
21 27.224950
52 26.059998
53 26.059998
57 26.059998
6   7.775014
55 26.059998
```

　ここで，ToothGrowth.nn.pred <- predict(ToothGrowth.nn.res)
は，ToothGrowth.nn.res の 予 測 結 果 を 変 数 ToothGrowth.nn.pred
に 代 入 す る こ と を 意 味 し て い る．head(ToothGrowth.nn.pred) は，
ToothGrowth.nn.pred の先頭の数行だけを表示している．
　結果において，学習に用いた正解データと予測データを比較して，最初の6
件だけを表示すると次のようになる．

```
> head(data.frame(ToothGrowth.train.data[1],ToothGrowth.nn.pred))
    len ToothGrowth.nn.pred
21 23.6          27.224950
52 26.4          26.059998
53 22.4          26.059998
57 26.4          26.059998
6  10.0           7.775014
55 24.8          26.059998
```

予測誤差の絶対値を計算して変数 ToothGrowth.nn.error に入力すると次のようになる.

```
> ToothGrowth.nn.error <- abs(ToothGrowth.train.data[1]-ToothGrow
th.nn.pred)
> head(ToothGrowth.nn.error)
        len
21 3.6249502
52 0.3400018
53 3.6599982
57 0.3400018
6  2.2249860
55 1.2599982
```

これらの最大値, 最小値, 平均値を求めると次のようになる.

```
> max(ToothGrowth.nn.error)
[1] 8.411106
> min(ToothGrowth.nn.error)
[1] 0.0444178
> sum(ToothGrowth.nn.error)/nrow(ToothGrowth.nn.error)
[1] 2.70567
```

ここで, コマンド max(), min(), sum() は, それぞれ最大値, 最小値, 総和を求める.

実験データを判別するためにコマンド predict() を用いて次のように入力する.

```
> ToothGrowth.nn.pred2 <- predict(ToothGrowth.nn.res,ToothGrowth.
test.data)
> head(ToothGrowth.nn.pred2)
        [,1]
5    7.775014
8    7.775014
19 16.544418
22 27.224950
23 27.224950
24 27.224950
```

ここで, predict(ToothGrowth.nn.res,ToothGrowth.test.data) とは ToothGrowth.nn.res で作成した回帰式を用いて ToothGrowth.test.data を推定することを意味している.

続いて，実験データの予測精度を比較すると以下のようになる．

```
> ToothGrowth.nn.error2 <- abs(ToothGrowth.test.data[1]-ToothG
rowth.nn.pred2)
> max(ToothGrowth.nn.error2)
[1] 8.72495
> min(ToothGrowth.nn.error2)
[1] 0.5249502
> sum(ToothGrowth.nn.error2)/nrow(ToothGrowth.nn.error2)
[1] 3.430537
```

付録3 問題の解答例 **177**

▶ 8 章の問題 1（判別分析）

データセット iris を利用するためには data(iris) と入力する．データ
レコードのうち最初の数行だけを表示するために head(iris) と入力する．

```
> data(iris)
> head(iris)
  Sepal.Length Sepal.Width Petal.Length Petal.Width Species
1          5.1         3.5          1.4         0.2  setosa
2          4.9         3.0          1.4         0.2  setosa
3          4.7         3.2          1.3         0.2  setosa
4          4.6         3.1          1.5         0.2  setosa
5          5.0         3.6          1.4         0.2  setosa
6          5.4         3.9          1.7         0.4  setosa
```

左から，がく片の長さ Sepal.Length，がく片の幅 Sepal.Width，花弁
の長さ Petal.Length，花弁の幅 Petal.Width，品種 Species である．品
種 Species は質的変数，他の 4 変数は量的変数となる．

$$y = g_{SVM}(x_1, x_2, x_3, x_4)$$

データセットに含まれるデータの総数はコマンド nrow() で求めることがで
きて，150 個である．

```
> nrow(iris)
[1] 150
```

この 4/5 を学習データセット，1/5 を実験データセットとして保存すること
にする．1 ～ 150 の数値のうち，ランダムに 120 個を選択するためにコマン
ド sample() を用いる．その結果を，変数 idex に保存する．

```
> idex <- sample(nrow(iris),nrow(iris)*4/5)
> idex
  [1] 104  93  18  79  46 107 110  30  17 133  20   6 121 111
 [15] 120  11  74  25  65 145  21  59 118 146  90 101 125 100
 [29]  47 143  82  51 129  15  52 105  99  70 131  31  69  34
 [43]  27   9   3 142  24  54 150 137  26 126 114   1 141  45
 [57]  37  50 124  94  43  68  91  16 147  55 112  61 103 102
 [71]   4  56   7  98 127 116 109  41  14  57 139  63  29 148
 [85]  22  84  19 149  32   5 106  36  88  72  66  42   2  87
 [99]   8  77  85  38  75 123  97 115 136  44  12  23  62  33
[113] 135 108  39  96  64  73 113  89
```

178　付録　R の基礎及び解答

　　sample(nrow(iris),nrow(iris)*4/5) において，最初の nrow(iris)
は 1 から nrow(iris)（= 150）までの値から一様乱数で整数値を選択する
ことを意味している．2 番目の nrow(iris)*4/5 は，120 個の数値を選択す
ることを意味している．

　　変数 idex に保存された数値のデータを学習データセット iris.train.
data に保存するように次のように入力する．

```
> iris.train.data <- iris[idex,]
> nrow(iris.train.data)
[1] 120
> head(iris.train.data)
    Sepal.Length Sepal.Width Petal.Length Petal.Width
104          6.3         2.9          5.5         1.8
93           5.8         2.6          4.0         1.2
18           5.1         3.5          1.4         0.3
79           6.0         2.9          4.5         1.5
46           4.8         3.0          1.4         0.3
107          4.9         2.5          4.5         1.7
        Species
104  virginica
93  versicolor
18      setosa
79  versicolor
46      setosa
107  virginica
```

　　ここで，iris[idex,] は idex に保存された整数値を番号とするデータを
示す．

　　続いて，学習データセット iris.train.data に保存された以外のデータを
実験データセット iris.test.data に保存するように次のように入力する．

```
> iris.test.data <- iris[-idex,]
> nrow(iris.test.data)
[1] 30
> head(iris.test.data)
    Sepal.Length Sepal.Width Petal.Length Petal.Width Species
10           4.9         3.1          1.5         0.1  setosa
13           4.8         3.0          1.4         0.1  setosa
28           5.2         3.5          1.5         0.2  setosa
35           4.9         3.1          1.5         0.2  setosa
40           5.1         3.4          1.5         0.2  setosa
48           4.6         3.2          1.4         0.2  setosa
```

付録3　問題の解答例　**179**

　ここで，iris[-idex,] は idex に保存された整数値を番号とする数値データを除外したデータを示す．

　サポートベクターマシンを利用するためにパッケージ kernlab を読み込む．

```
> install.packages("kernlab")
```

　続いて，ライブラリ kernlab を読み込む．

```
> library(kernlab)
```

　続いて，コマンド ksvm() を用いて判別式を学習する．

```
> iris.svm.res <- ksvm(Species~., data=iris.train.data, type="C-svc")
```

　ここで，Species~. は目的変数 Species として，他の全ての変数で判別式を決定することを示している．data=iris.train.data は学習データのデータセットを示している．最後に，type="C-svc" は使用するアルゴリズムを指定している．結果は次のようになる．

```
> iris.svm.res
Support Vector Machine object of class "ksvm"

SV type: C-svc  (classification)
 parameter : cost C = 1

Gaussian Radial Basis kernel function.
 Hyperparameter : sigma =  0.72848316988409

Number of Support Vectors : 51

Objective Function Value : -4.1263 -4.4915 -15.7049
Training error : 0.016667
```

　パラメータ値を表示するためには，コマンド summary() を用いる．

```
> summary(iris.svm.res)
Length  Class    Mode
     1   ksvm      S4
```

学習データを判別するためにコマンド predict() を用いて次のように入力する.

```
> iris.svm.pred <- predict(iris.svm.res,iris.train.data)
```

ここで, predict(iris.svm.res,iris.train.data) は, iris.svm.res で求めた判別ルールを用いて, iris.train.data について判別を行う. その結果を変数 iris.svm.pred に代入することを意味する.

結果において, 学習データと予測データを比較して, 最初の6件だけを表示すると次のようになる.

```
> head(data.frame(iris.train.data[5],iris.svm.pred))
        Species iris.svm.pred
104   virginica     virginica
93   versicolor    versicolor
18       setosa        setosa
79   versicolor    versicolor
46       setosa        setosa
107   virginica     virginica
```

この結果より, 6つのデータが正しく判別されていることがわかる.

実験データを判別するためにコマンド predict() を用いて次のように入力する.

```
> iris.svm.pred2 <- predict(iris.svm.res,iris.test.data)
```

ここで, predict(iris.svm.res,iris.test.data) とは iris.svm.res に保存された判別ルールを用いて iris.test.data を判別することを意味している.

続いて, 実験データの予測精度を比較すると以下のようになり, 正しく予測されていることがわかる.

```
> head(data.frame(iris.test.data[5],iris.svm.pred2))
   Species iris.svm.pred2
10  setosa        setosa
13  setosa        setosa
28  setosa        setosa
35  setosa        setosa
40  setosa        setosa
48  setosa        setosa
```

182　付録　Rの基礎及び解答

▶8章の問題2（回帰分析）

データセット ToothGrowth を利用するためには data(ToothGrowth) と入力する．データレコードのうち最初の数行だけを表示するために head(ToothGrowth) と入力する．

```
> data(ToothGrowth)
> head(ToothGrowth)
   len supp dose
1  4.2   VC  0.5
2 11.5   VC  0.5
3  7.3   VC  0.5
4  5.8   VC  0.5
5  6.4   VC  0.5
6 10.0   VC  0.5
```

データセット ToothGrowth に登録されているデータの種類には，左から，歯の生長量 len，投与方法 supp，投与量 dose がある．len と dose は量的変数である．supp は質的変数であって，VC（アスコルビン酸）と OJ（オレンジジュース）の2つの値をとる．

supp, dose, len を，それぞれ変数 x_1, x_2, y とする．len を目的変数，他の2変数を説明変数として判別関数 g_{SVM} を決定する．

$$y = g_{SVM}(x_1, x_2) \tag{A.4}$$

データセットに含まれるデータの総数は60個である．

```
> nrow(ToothGrowth)
[1] 60
```

この4/5を学習データセット，1/5を実験データセットとして保存することにする．1〜60の数値のうち，ランダムに48個を選択するためにコマンド sample() を用いる．その結果を，変数 idex2 に保存する．

```
> idex2 <- sample(nrow(ToothGrowth),nrow(ToothGrowth)*4/5)
> idex2
 [1] 21 52 53 57  6 55 33 36 48 12 14 37 43 41 38 46 54 29 60
[20]  1 49 51 56 13 34 30  4 15 32 16 31 39 45  2 10 26  9 50
[39] 42 58 11 40 18 17 59  3 20  7
```

ここで，sample(nrow(ToothGrowth),nrow(ToothGrowth)*4/5)
において，最初の nrow(ToothGrowth) は 1 から nrow(ToothGrowth)
（= 60）までの範囲に整数値から一様乱数で整数値を選択することを意味し
ている．2 番目の nrow(ToothGrowth)*4/5 は，選択する整数の個数が
（nrow(ToothGrowth)*4/5 =）48 個であることを意味している．

変数 idex2 に保存された数値のデータを学習データセット ToothGrowth.
train.data に保存するように次のように入力する．

```
> ToothGrowth.train.data <- ToothGrowth[idex2,]
> nrow(ToothGrowth.train.data)
[1] 48
> head(ToothGrowth.train.data)
    len supp dose
21 23.6   VC  2.0
52 26.4   OJ  2.0
53 22.4   OJ  2.0
57 26.4   OJ  2.0
6  10.0   VC  0.5
55 24.8   OJ  2.0
```

ここで，ToothGrowth[idex2,] は idex2 に保存された整数値を番号と
するデータを示す．60 個のデータのうち，4/5 の 48 個のデータが登録されて
いることがわかる．

続いて，学習データセット ToothGrowth.train.data に保存された以外
のデータを実験データセット ToothGrowth.test.data に保存するように次
のように入力する．

```
> ToothGrowth.test.data <- ToothGrowth[-idex2,]
> nrow(ToothGrowth.test.data)
[1] 12
> head(ToothGrowth.test.data)
    len supp dose
5   6.4   VC  0.5
8  11.2   VC  0.5
19 18.8   VC  1.0
22 18.5   VC  2.0
23 33.9   VC  2.0
24 25.5   VC  2.0
```

184 付録 Rの基礎及び解答

ここで，ToothGrowth[-idex2,] は idex に保存された整数値を番号と
する数値データを除外したデータを示す．

サポートベクターマシンを利用するためにパッケージ kernlab を読み込む．

```
> install.packages("kernlab")
```

続いて，ライブラリ kernlab を読み込む．

```
> library(kernlab)
```

続いて，コマンド ksvm() を用いて回帰式を学習する．

```
> ToothGrowth.svm.res <- ksvm(len~., data=ToothGrowth.train.da
ta, type="nu-svr")
> ToothGrowth.svm.res
Support Vector Machine object of class "ksvm"

SV type: nu-svr  (regression)
 parameter : epsilon = 0.1   nu = 0.2

Gaussian Radial Basis kernel function.
 Hyperparameter : sigma =  0.853925794508858

Number of Support Vectors : 13

Objective Function Value : -9.0158
Training error : 0.211866
```

ここで，コマンド ksvm() において data=ToothGrowth.train.data は
データセット ToothGrowth.train.data のデータを利用することを示す．
type="nu-svr" は用いるアルゴリズムを示している．

学習データを判別するためにコマンド predict() を用いて次のように入力
する．

```
> ToothGrowth.svm.pred <- predict(ToothGrowth.svm.res,ToothGro
wth.train.data)
```

ここで，predict(ToothGrowth.svm.res,ToothGrowth.train.data)
は，ToothGrowth.svm.res で決定した回帰式に ToothGrowth.train.

data を代入することを意味している.

結果において,学習データと予測データを比較して,最初の6件だけを表示すると次のようになる.

```
> head(data.frame(ToothGrowth.train.data[1],ToothGrowth.svm.pr
ed))
    len ToothGrowth.svm.pred
21 23.6            27.744620
52 26.4            26.455947
53 22.4            26.455947
57 26.4            26.455947
6  10.0             9.646454
55 24.8            26.455947
```

予測誤差の絶対値を計算して変数 ToothGrowth.svm.error に入力すると次のようになる.

```
> ToothGrowth.svm.error <- abs(ToothGrowth.train.data[1]-Tooth
Growth.svm.pred)
> head(ToothGrowth.svm.error)
          len
21 4.14461988
52 0.05594657
53 4.05594657
57 0.05594657
6  0.35354592
55 1.65594657
```

これらの最大値,最小値,平均値を求めると次のようになる.

```
> max(ToothGrowth.svm.error)
[1] 7.653546
> min(ToothGrowth.svm.error)
[1] 0.05594657
> sum(ToothGrowth.svm.error)/nrow(ToothGrowth.svm.error)
[1] 2.979005
```

ここで,コマンド max(), min(), sum() は,それぞれ最大値,最小値,総和を求める.

実験データを判別するためにコマンド predict() を用いて次のように入力する.ここで,predict(ToothGrowth.svm.res,ToothGrowth.test.data)

とは ToothGrowth.svm.res で作成した回帰式を用いて ToothGrowth.test.data を推定することを意味している.

```
> ToothGrowth.svm.pred2 <- predict(ToothGrowth.svm.res,ToothGr
owth.test.data)
> head(data.frame(ToothGrowth.test.data[1],ToothGrowth.svm.pre
d2))
     len ToothGrowth.svm.pred2
5    6.4              9.646454
8   11.2              9.646454
19  18.8             18.048659
22  18.5             27.744620
23  33.9             27.744620
24  25.5             27.744620
```

続いて, 最大誤差, 最小誤差, 平均誤差を計算すると以下のようになる.

```
> ToothGrowth.svm.error2 <- abs(ToothGrowth.test.data[1]-Tooth
Growth.svm.pred2)
> max(ToothGrowth.svm.error2)
[1] 9.24462
> min(ToothGrowth.svm.error2)
[1] 0.6535459
> sum(ToothGrowth.svm.error2)/nrow(ToothGrowth.svm.error2)
[1] 3.597655
```

付録3 問題の解答例 **187**

❯ 9章の問題

　データセットに含まれるデータの総数はコマンド nrow() で求めることができて，150個であることがわかる．

```
> nrow(iris)
[1] 150
```

　この 4/5 を学習データセット，1/5 を実験データセットとして保存することにする．1 〜 150 の数値のうち，ランダムに 120 個を選択するためにコマンド sample() を用いる．その結果を，変数 idex に保存する．

```
> idex <- sample(nrow(iris),nrow(iris)*4/5)
> idex
  [1] 104  93  18  79  46 107 110  30  17 133  20   6 121 111
 [15] 120  11  74  25  65 145  21  59 118 146  90 101 125 100
 [29]  47 143  82  51 129  15  52 105  99  70 131  31  69  34
 [43]  27   9   3 142  24  54 150 137  26 126 114   1 141  45
 [57]  37  50 124  94  43  68  91  16 147  55 112  61 103 102
 [71]   4  56   7  98 127 116 109  41  14  57 139  63  29 148
 [85]  22  84  19 149  32   5 106  36  88  72  66  42   2  87
 [99]   8  77  85  38  75 123  97 115 136  44  12  23  62  33
[113] 135 108  39  96  64  73 113  89
```

　sample(nrow(iris),nrow(iris)*4/5) において，最初の nrow(iris) は 1 から nrow(iris)（＝ 150）までの値から一様乱数で整数値を選択することを意味している．2 番目の nrow(iris)*4/5 は，120 個の数値を選択することを意味している．

　変数 idex に保存された数値データを学習データセット iris.train.data に保存するように次のように入力する．

```
> iris.train.data <- iris[idex,]
> nrow(iris.train.data)
[1] 120
> head(iris.train.data)
    Sepal.Length Sepal.Width Petal.Length Petal.Width
104          6.3         2.9          5.5         1.8
93           5.8         2.6          4.0         1.2
18           5.1         3.5          1.4         0.3
79           6.0         2.9          4.5         1.5
46           4.8         3.0          1.4         0.3
107          4.9         2.5          4.5         1.7
        Species
104  virginica
93  versicolor
18      setosa
79  versicolor
46      setosa
107  virginica
```

ここで, iris[idex,] は idex に保存された整数値を番号とするデータを示す.

続いて, 学習データセット iris.train.data に保存された以外のデータを実験データセット iris.test.data に保存するように次のように入力する.

```
> iris.test.data <- iris[-idex,]
> nrow(iris.test.data)
[1] 30
> head(iris.test.data)
   Sepal.Length Sepal.Width Petal.Length Petal.Width Species
10          4.9         3.1          1.5         0.1  setosa
13          4.8         3.0          1.4         0.1  setosa
28          5.2         3.5          1.5         0.2  setosa
35          4.9         3.1          1.5         0.2  setosa
40          5.1         3.4          1.5         0.2  setosa
48          4.6         3.2          1.4         0.2  setosa
```

ここで, iris[-idex,] は idex に保存された整数値を番号とする数値データを除外したデータを示す.

ライブラリe1071を使用するために, 最初にパッケージe1071をインストールする.

```
> install.packages("e1071")
```

続いて, ライブラリをロードする.

```
> library(e1071)
```

コマンド naiveBayes() によって予測式を作成する.

```
> iris.nb.res <- naiveBayes(Species~., data=iris.test.data)
```

ここで，state~. は，変数 state を目的変数として，他の変数で判別式を決定することを意味している．また，data=nb.data はデータセットを定義している．

実験データに判別式によって推定を行うためにコマンド predict() を用いる．

```
> iris.nb.pred <- predict(iris.nb.res,iris.test.data)
```

190 付録 Rの基礎及び解答

❯ 10章の問題

データ iris を利用するためにコマンド data() を用いる.

```
> data(iris)
> head(iris)
  Sepal.Length Sepal.Width Petal.Length Petal.Width Species
1          5.1         3.5          1.4         0.2  setosa
2          4.9         3.0          1.4         0.2  setosa
3          4.7         3.2          1.3         0.2  setosa
4          4.6         3.1          1.5         0.2  setosa
5          5.0         3.6          1.4         0.2  setosa
6          5.4         3.9          1.7         0.4  setosa
```

量的変数である Sepal.Length, Sepal.Width, Petal.Length, Petal.Width によって6行6列の六角形格子に分類表示することにする.

パッケージ kohonen を導入するために, 次のように入力する.

```
> install.packages("kohonen")
```

続いて, ライブラリ kohonen を読み込む.

```
> library(kohonen)
```

コマンド somgrid() を用いて6行6列のヘキサゴン・マップを定義する.

```
> som.grid2 <- somgrid(xdim=6,ydim=6,topo="hexagonal")
```

コマンド som() を用いて, データ iris の量的変数だけを用いて六角格子マップへ学習させる.

```
> som.res2 <- som(as.matrix(iris[,1:4]),som.grid2)
```

ここで, iris[,1:4] はデータ iris の1番目から4番目までの変数を用いることを示している. コマンド as.matrix() は, そのデータを2次元データ（行列型）に変換することを意味している.

マップ表示にはいくつかのものがあり，デフォルトは codes plot である．

```
> plot(som.res2)
```

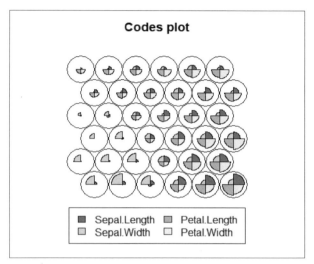

図 A.23　コードマップ

この場合，データをマップに学習させた後，それぞれのマップノードに属するデータの特徴量の平均値が表示されている．右下から右上にかけて特徴量の大きなアヤメがマップしており，左上から左下にかけて特徴量の小さなものがマップされていることがわかる．

各データがどのようにマップされたかを表示するためには，変数 type を指定して，以下のように入力する．

```
> plot(som.res2,type="mapping",col=as.numeric(iris[,5]))
```

ここで，type="mapping" は，表示形式が Mapping Plot であることを示している．変数 col は記号の表示色を指定している．as.numeric(iris[,5]) において，iris[,5] はデータ iris の 5 番目の変数であるアヤメの品種のデータを示している．関数 as.numeric() はアヤメの品種というテキストデータ

に割り当てられた数値（この場合は，1，2，3のいずれか）を示している．変数 col に数値を与えることで，その数値に対応した色でデータが表示されている．

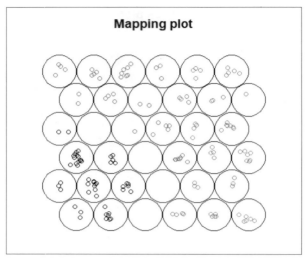

図 A.24　データのマッピングプロット

データ iris には 3 種類のアヤメ setosa, versicolor, virginica が登録されており，それぞれ数値 1，2，3 が割り当てられている．一方，色においては，黒，赤，緑に対して数値 1，2，3 が割り当てられている．したがって，上記の結果から，setosa（黒）は左下に集まっており，比較的サイズの小さい（特徴量が小さい）品種と考えられる．一方, virginica は右に集まっており，全体に特徴量が大きな品種と考えられる．

各ノードに所属するデータ数を表示するためには type="counts" を用いる．

```
> plot(som.res2,type="counts",col=as.numeric(iris[,5]))
```

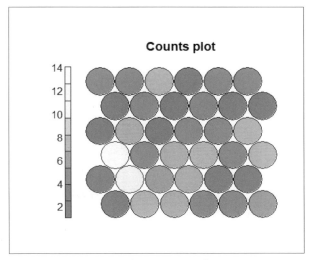

図 A.25 データの個体数プロット

個数に応じてノードの色を変更して表示している．

❯11章の問題1（判別分析）

データセット iris を利用するためには data(iris) と入力する．データレコードのうち最初の数行だけを表示するために head(iris) と入力する．

```
> data(iris)
> head(iris)
  Sepal.Length Sepal.Width Petal.Length Petal.Width Species
1          5.1         3.5          1.4         0.2  setosa
2          4.9         3.0          1.4         0.2  setosa
3          4.7         3.2          1.3         0.2  setosa
4          4.6         3.1          1.5         0.2  setosa
5          5.0         3.6          1.4         0.2  setosa
6          5.4         3.9          1.7         0.4  setosa
```

左から，がく片の長さ Sepal.Length，がく片の幅 Sepal.Width，花弁の長さ Petal.Length，花弁の幅 Petal.Width，品種 Species である．品種 Species は質的変数，他の4変数は量的変数となる．

データセット iris から一部を学習データセット，一部を実験データセットに分けて保存する．データセットに含まれるデータの総数はコマンド nrow() で求めることができて，150個であることがわかる．

```
> nrow(iris)
[1] 150
```

この4/5を学習データセット，1/5を実験データセットとして保存することにする．1〜150の数値のうち，ランダムに120個を選択するためにコマンド sample() を用いる．その結果を，変数 idex に保存する．

```
> idex <- sample(nrow(iris),nrow(iris)*4/5)
> idex
  [1] 104  93  18  79  46 107 110  30  17 133  20   6 121 111
 [15] 120  11  74  25  65 145  21  59 118 146  90 101 125 100
 [29]  47 143  82  51 129  15  52 105  99  70 131  31  69  34
 [43]  27   9   3 142  24  54 150 137  26 126 114   1 141  45
 [57]  37  50 124  94  43  68  91  16 147  55 112  61 103 102
 [71]   4  56   7  98 127 116 109  41  14  57 139  63  29 148
 [85]  22  84  19 149  32   5 106  36  88  72  66  42   2  87
 [99]   8  77  85  38  75 123  97 115 136  44  12  23  62  33
[113] 135 108  39  96  64  73 113  89
```

付録3　問題の解答例　195

sample(nrow(iris),nrow(iris)*4/5) において，最初の nrow(iris) は 1 から nrow(iris)（＝ 150）までの値から一様乱数で整数値を選択することを意味している．2 番目の nrow(iris)*4/5 は 120 個の数値を選択することを意味している．

変数 idex に保存された数値のデータを学習データセット iris.train.data に保存するように次のように入力する．

```
> iris.train.data <- iris[idex,]
> nrow(iris.train.data)
[1] 120
> head(iris.train.data)
    Sepal.Length Sepal.Width Petal.Length Petal.Width
104          6.3         2.9          5.5         1.8
93           5.8         2.6          4.0         1.2
18           5.1         3.5          1.4         0.3
79           6.0         2.9          4.5         1.5
46           4.8         3.0          1.4         0.3
107          4.9         2.5          4.5         1.7
        Species
104  virginica
93  versicolor
18      setosa
79  versicolor
46      setosa
107  virginica
```

ここで，iris[idex,] は idex に保存された整数値を番号とするデータを示す．

続いて，学習データセット iris.train.data に保存された以外のデータを実験データセット iris.test.data に保存するように次のように入力する．

```
> iris.test.data <- iris[-idex,]
> nrow(iris.test.data)
[1] 30
> head(iris.test.data)
    Sepal.Length Sepal.Width Petal.Length Petal.Width Species
10           4.9         3.1          1.5         0.1  setosa
13           4.8         3.0          1.4         0.1  setosa
28           5.2         3.5          1.5         0.2  setosa
35           4.9         3.1          1.5         0.2  setosa
40           5.1         3.4          1.5         0.2  setosa
48           4.6         3.2          1.4         0.2  setosa
```

ここで，iris[-idex,] は idex に保存された整数値を番号とする数値データを除外したデータを示す．

パッケージ randomForest をインストールするために次のように入力する．

```
> install.packages("randomForest")
```

ライブラリ randomForest を読み込むために次のように入力する．

```
> library("randomForest")
```

続いて，コマンド randomForest() を用いて判別式を学習する．

```
> iris.rf.res <- randomForest(Species~., data=iris.train.data)
```

ここで，Species~. は目的変数 Species として，他の全ての変数で判別式を決定することを示している．data=iris.train.data は学習データのデータセットを示している．

```
> iris.rf.res

Call:
 randomForest(formula = Species ~ ., data = iris.train.data)
               Type of random forest: classification
                     Number of trees: 500
No. of variables tried at each split: 2

        OOB estimate of  error rate: 3.33%
Confusion matrix:
           setosa versicolor virginica class.error
setosa         43          0         0  0.00000000
versicolor      0         36         1  0.02702703
virginica       0          3        37  0.07500000
```

学習データを判別するためにコマンド predict() を用いて次のように入力する．

```
> iris.rf.pred <- predict(iris.rf.res,iris.train.data)
```

ここで，predict(iris.rf.res,iris.train.data) は，iris.rf.res で求めた判別ルールを用いて，iris.train.data について判別を行う．そ

の結果を変数 iris.rf.pred に代入することを意味する.

結果において,学習に用いた正解データと予測データを比較して,最初の 6 件だけを表示すると次のようになる.

```
> head(data.frame(iris.train.data[5],iris.rf.pred))
        Species iris.rf.pred
104   virginica     virginica
93   versicolor    versicolor
18      setosa        setosa
79   versicolor    versicolor
46      setosa        setosa
107   virginica     virginica
```

この結果より,6 つのデータが正しく判別されていることがわかる.

実験データを判別するためにコマンド predict() を用いて次のように入力する.

```
> iris.rf.pred2 <- predict(iris.rf.res,iris.test.data)
```

ここで,predict(iris.rf.res,iris.test.data) とは iris.rf.res に保存された判別ルールを用いて iris.test.data を判別することを意味している.

続いて,実験データの予測精度を比較すると以下のようになり,正しく予測されていることがわかる.

```
> head(data.frame(iris.test.data[5],iris.rf.pred2))
   Species iris.rf.pred2
10  setosa        setosa
13  setosa        setosa
28  setosa        setosa
35  setosa        setosa
40  setosa        setosa
48  setosa        setosa
```

198 付録　Rの基礎及び解答

〉11章の問題2（回帰分析）

データセット ToothGrowth を利用するためには data(ToothGrowth) と入力する．データレコードのうち最初の数行だけを表示するために head(ToothGrowth) と入力する．

```
> data(ToothGrowth)
> head(ToothGrowth)
   len supp dose
1  4.2   VC  0.5
2 11.5   VC  0.5
3  7.3   VC  0.5
4  5.8   VC  0.5
5  6.4   VC  0.5
6 10.0   VC  0.5
```

データセット ToothGrowth に登録されているデータの種類には，左から，歯の生長量 len，投与方法 supp，投与量 dose がある．len と dose は量的変数である．supp は質的変数であって，VC（アスコルビン酸）と OJ（オレンジジュース）の2つの値をとる．

データセット ToothGrowth から一部を学習データセット，一部を実験データセットに分けて保存する．

データセットに含まれるデータの総数は nrow() を利用すればわかり，60個であることがわかる．

```
> nrow(ToothGrowth)
[1] 60
```

この4/5を学習データセット，1/5を実験データセットとして保存することにする．1〜60の数値のうち，ランダムに48個を選択するためにコマンド sample() を用いる．その結果を，変数 idex2 に保存する．

```
> idex2 <- sample(nrow(ToothGrowth),nrow(ToothGrowth)*4/5)
> idex2
 [1] 21 52 53 57  6 55 33 36 48 12 14 37 43 41 38 46 54 29 60
[20]  1 49 51 56 13 34 30  4 15 32 16 31 39 45  2 10 26  9 50
[39] 42 58 11 40 18 17 59  3 20  7
```

ここで，sample(nrow(ToothGrowth),nrow(ToothGrowth)*4/5)
において，最初の nrow(ToothGrowth) は 1 から nrow(ToothGrowth)
（= 60）までの範囲に整数値から一様乱数で整数値を選択することを意味し
ている．2 番目の nrow(ToothGrowth)*4/5 は，選択する整数の個数が
（nrow(ToothGrowth)*4/5 =）48 個であることを意味している．

変数 idex2 に保存された数値データを学習データセット ToothGrowth.
train.data に保存するように次のように入力する．

```
> ToothGrowth.train.data <- ToothGrowth[idex2,]
> nrow(ToothGrowth.train.data)
[1] 48
> head(ToothGrowth.train.data)
    len supp dose
21 23.6   VC  2.0
52 26.4   OJ  2.0
53 22.4   OJ  2.0
57 26.4   OJ  2.0
6  10.0   VC  0.5
55 24.8   OJ  2.0
```

ここで，ToothGrowth[idex2,] は idex2 に保存された整数値を番号と
するデータを示す．60 個のデータのうち，4/5 の 48 個のデータが登録されて
いることがわかる．

続いて，学習データセット ToothGrowth.train.data に保存された以外
のデータを実験データセット ToothGrowth.test.data に保存するように次
のように入力する．

```
> ToothGrowth.test.data <- ToothGrowth[-idex2,]
> nrow(ToothGrowth.test.data)
[1] 12
> head(ToothGrowth.test.data)
    len supp dose
5   6.4   VC  0.5
8  11.2   VC  0.5
19 18.8   VC  1.0
22 18.5   VC  2.0
23 33.9   VC  2.0
24 25.5   VC  2.0
```

200 付録 Rの基礎及び解答

ここで，`ToothGrowth[-idex2,]` は `idex` に保存された整数値を番号とする数値データを除外したデータを示す．

パッケージ `randomForest` をインストールするために次のように入力する．

```
> install.packages("randomForest")
```

ライブラリ `randomForest` を読み込むために次のように入力する．

```
> library("randomForest")
```

続いて，コマンド `randomForest()` を用いて判別式を学習する．

```
> ToothGrowth.rf.res <- randomForest(len~., data=ToothGrowth.trai
n.data)
> ToothGrowth.rf.res

Call:
 randomForest(formula = len ~ ., data = ToothGrowth.train.data)
               Type of random forest: regression
                     Number of trees: 500
No. of variables tried at each split: 1

          Mean of squared residuals: 18.47757
                    % Var explained: 67.12
```

ここで，`len~.` は `len` を目的関数として，それ以外の変数で回帰式を決定することを示している．`data=ToothGrowth.train.data` はデータセット `ToothGrowth.train.data` のデータを利用することを示す．

学習データを判別するためにコマンド `predict()` を用いて次のように入力する．

```
> ToothGrowth.rf.pred <- predict(ToothGrowth.rf.res, ToothGrowth.
train.data)
```

ここで，`predict(ToothGrowth.rf.res,ToothGrowth.train.data)` は，`ToothGrowth.rf.res` で決定した回帰式に `ToothGrowth.train.data` を代入することを意味している．

結果において，学習に用いた正解データと予測データを比較して，最初の6件だけを表示すると次のようになる．

```
> head(data.frame(ToothGrowth.train.data[1],ToothGrowth.rf.pred))
   len ToothGrowth.rf.pred
21 23.6           22.80396
52 26.4           24.22996
53 22.4           24.22996
57 26.4           24.22996
6  10.0           10.81524
55 24.8           24.22996
```

予測誤差の絶対値を計算して変数 ToothGrowth.rf.error に入力すると次のようになる.

```
> ToothGrowth.rf.error <- abs(ToothGrowth.train.data[1]-ToothGrow
th.rf.pred)
> head(ToothGrowth.rf.error)
        len
21 0.7960371
52 2.1700419
53 1.8299581
57 2.1700419
6  0.8152383
55 0.5700419
```

これらの最大値, 最小値, 平均値を求めると次のようになる.

```
> max(ToothGrowth.rf.error)
[1] 9.696037
> min(ToothGrowth.rf.error)
[1] 0.1540749
> sum(ToothGrowth.rf.error)/nrow(ToothGrowth.rf.error)
[1] 3.04929
```

ここで, コマンド max(), min(), sum() は, それぞれ最大値, 最小値, 総和を求める.

実験データを判別するためにコマンド predict() を用いて次のように入力する.

```
> ToothGrowth.rf.pred2 <- predict(ToothGrowth.rf.res, ToothGrowth
.test.data)
> head(data.frame(ToothGrowth.test.data[1],ToothGrowth.rf.pred2))
    len ToothGrowth.rf.pred2
5    6.4            10.81524
8   11.2            10.81524
19  18.8            16.68434
22  18.5            22.80396
23  33.9            22.80396
24  25.5            22.80396
```

最大誤差，最小誤差，平均誤差を計算すると以下のようになる．

```
> ToothGrowth.rf.error2 <- abs(ToothGrowth.test.data[1]-ToothGrow
th.rf.pred2)
> max(ToothGrowth.rf.error2)
[1] 11.09604
> min(ToothGrowth.rf.error2)
[1] 0.147521
> sum(ToothGrowth.rf.error2)/nrow(ToothGrowth.rf.error2)
[1] 3.620592
```

付録3 問題の解答例 **203**

＞ **12 章の問題**

データセット iris を利用するためには data(iris) と入力する．データ
レコードのうち最初の数行だけを表示するために head(iris) と入力する．

```
> data(iris)
> head(iris)
  Sepal.Length Sepal.Width Petal.Length Petal.Width Species
1          5.1         3.5          1.4         0.2  setosa
2          4.9         3.0          1.4         0.2  setosa
3          4.7         3.2          1.3         0.2  setosa
4          4.6         3.1          1.5         0.2  setosa
5          5.0         3.6          1.4         0.2  setosa
6          5.4         3.9          1.7         0.4  setosa
```

左から，がく片の長さ Sepal.Length，がく片の幅 Sepal.Width，花弁
の長さ Petal.Length，花弁の幅 Petal.Width，品種 Species である．品
種 Species は質的変数，他の 4 変数は量的変数となる．

データセット iris から一部を学習データセット，一部を実験データセット
に分けて保存する．データセットに含まれるデータの総数はコマンド nrow()
で求めることができて，150 個であることがわかる．

```
> nrow(iris)
[1] 150
```

この 4/5 を学習データセット，1/5 を実験データセットとして保存すること
にする．1 〜 150 の数値のうち，ランダムに 120 個を選択するためにコマン
ド sample() を用いる．その結果を，変数 idex に保存する．

```
> idex <- sample(nrow(iris),nrow(iris)*4/5)
> idex
  [1] 104  93  18  79  46 107 110  30  17 133  20   6 121 111
 [15] 120  11  74  25  65 145  21  59 118 146  90 101 125 100
 [29]  47 143  82  51 129  15  52 105  99  70 131  31  69  34
 [43]  27   9   3 142  24  54 150 137  26 126 114   1 141  45
 [57]  37  50 124  94  43  68  91  16 147  55 112  61 103 102
 [71]   4  56   7  98 127 116 109  41  14  57 139  63  29 148
 [85]  22  84  19 149  32   5 106  36  88  72  66  42   2  87
 [99]   8  77  85  38  75 123  97 115 136  44  12  23  62  33
[113] 135 108  39  96  64  73 113  89
```

sample(nrow(iris),nrow(iris)*4/5) において，最初の nrow(iris) は 1 から nrow(iris)（= 150）までの値から一様乱数で整数値を選択することを意味している．2 番目の nrow(iris)*4/5 は，120 個の数値を選択することを意味している．

変数 idex に保存された数値のデータを学習データセット iris.train. data に保存するように次のように入力する．

```
> iris.train.data <- iris[idex,]
> nrow(iris.train.data)
[1] 120
> head(iris.train.data)
    Sepal.Length Sepal.Width Petal.Length Petal.Width
104          6.3         2.9          5.5         1.8
93           5.8         2.6          4.0         1.2
18           5.1         3.5          1.4         0.3
79           6.0         2.9          4.5         1.5
46           4.8         3.0          1.4         0.3
107          4.9         2.5          4.5         1.7
        Species
104  virginica
93  versicolor
18      setosa
79  versicolor
46      setosa
107  virginica
```

ここで，iris[idex,] は idex に保存された整数値を番号とするデータを示す．

続いて，学習データセット iris.train.data に保存された以外のデータを実験データセット iris.test.data に保存するように次のように入力する．

```
> iris.test.data <- iris[-idex,]
> nrow(iris.test.data)
[1] 30
> head(iris.test.data)
   Sepal.Length Sepal.Width Petal.Length Petal.Width Species
10          4.9         3.1          1.5         0.1  setosa
13          4.8         3.0          1.4         0.1  setosa
28          5.2         3.5          1.5         0.2  setosa
35          4.9         3.1          1.5         0.2  setosa
40          5.1         3.4          1.5         0.2  setosa
48          4.6         3.2          1.4         0.2  setosa
```

ここで, `iris[-idex,]` は `idex` に保存された整数値を番号とする数値データを除外したデータを示す.

パッケージ h2o をダウンロードするために次のように入力する.

```
> install.packages("h2o")
```

ライブラリ h2o を読み込む.

```
> library(h2o)
```

コマンド `h2o.init()` を用いて, 環境の初期化をし, h2o プロセスを起動する.

```
> h2oinit <- h2o.init(ip="localhost", port=54321, startH2O=TRUE,
nthreads=-1)
```

h2o で扱うデータは, 最初に text 形式や csv 形式として用意し, h2o オブジェクト形式に変換する必要がある.

最初に, `iris.train.data` と `iris.test.data` を csv ファイルに出力するためにコマンド `write.csv()` を用いる.

```
> write.csv(iris.train.data,"iris_train.csv", quote=FALSE, row.na
mes=FALSE)
```

ここで, `iris.train.data` は csv ファイルに書き出す変数名, `"iris_train.csv"` は書き出す csv ファイル名を示す. csv ファイルに書き出される数値や文字列が "" で囲まれないように quote=FALSE を指定する. 行番号を出力しないために, row.names=FALSE を指定する.

同様にして, 変数 `iris.test.data` をファイル `iris_test.csv` に出力するために次のように入力する.

```
> write.csv(iris.test.data,"iris_test.csv", quote=FALSE, row.name
s=FALSE)
```

csv ファイルを h2o オブジェクト形式に変換するためにコマンド `h2o.importFile()` を利用する.

```
> iris.h2o.train <- h2o.importFile(path="iris_train.csv")
  |=======================================================| 100%
> iris.h2o.test <- h2o.importFile(path="iris_test.csv")
  |=======================================================| 100%
```

コマンド h2o.deeplearning() を用いて判別式を学習する．その結果を
変数 iris.h2o.res に保存する．

```
> iris.h2o.res <- h2o.deeplearning(x=1:4,y=5,training_frame=iris.
h2o.train, activation="Rectifier",hidden=c(30,50,30),epochs=50000
)
  |=======================================================| 100%
```

training_frame=iris.h2o.train は学習データファイル名を示して
いる．x=1:4 と y=5 は学習データ iris.h2o.train のデータ構造と関連し
ている．学習データ iris.h2o.train は 5 列のデータからなっており，第
5 列が目的変数 y，第 1 列から第 4 列が説明変数となっている．y=5 は目的
変数が第 1 列目であることを，x=1:4 は説明変数が第 1 列目から第 4 列目
であることを示している．activation="Rectifier" は，学習関数として
Rectifier を使うことを示している．hidden=c(30,50,30) は中間層が 3
層からなり，それぞれのノード数が 30，50，30 であることを示している。最
後に，epochs=50000 は学習回数である．

テストデータ iris.h2o.test に対する予測を行うためにはコマンド h2o.
predict() を用いる．

```
> iris.h2o.res2 <- h2o.predict(object=iris.h2o.res,newdata=iris.h
2o.test)
  |=======================================================| 100%
> iris.h2o.res2
  predict setosa     versicolor     virginica
1  setosa       1 1.164148e-09 6.725385e-36
2  setosa       1 2.594035e-09 1.019784e-35
3  setosa       1 2.077720e-11 1.511937e-36
4  setosa       1 1.584194e-09 4.897123e-35
5  setosa       1 7.160964e-11 4.220315e-36
6  setosa       1 1.885833e-09 6.459302e-35
```

あとがき

　最近，データマイニングには Python 言語が広く利用されている．Python 言語にはデータ分析のためのライブラリが多数用意されており，使いやすいプログラミング言語である．R は Python 言語と比べると古いというイメージがあるかもしれないが，以前から利用されている言語であるために，ある程度言語として完成しているといえる．さらに，すでに使いこなせるユーザーが存在している．

　そこで本書では，R をデータ分析に用いることについて紹介した．第 I 部では多変量解析として，回帰分析，主成分分析，判別分析，クラスタリングを紹介した．第 II 部では，ニューラルネットワーク，サポートベクターマシン，ベイズ推定，マルチレイヤーパーセプトロン，自己組織化マップ，ランダムフォレスト，深層ニューラルネットワークについて紹介した．

　初学者の方には R に触れる機会となるとともに，R の利用者の方には R で機械学習を行うきっかけとなれば幸いです．

参考文献

(1) 上田太一郎，Excel でできるデータマイニング入門，同友館 2001.

(2) 豊田秀樹，データマイニング入門，東京書籍，2008.

(3) 山本義郎，藤野友和，久保田貴文，R によるデータマイニング入門，オーム社 2015.

(4) 統計的学習の基礎 —データマイニング・推論・予測—，T. Hastie, R. Tibshirani, J. Friedman（著），杉山 将 他（訳），共立出版 2014.

(5) R-Tips，http://cse.naro.affrc.go.jp/takezawa/r-tips/r.html，（2017 年 10 月 15 日参照）．

(6) Package 'e1071'，https://cran.r-project.org/web/packages/e1071/e1071.pdf，（2017 年 10 月 15 日参照）．

(7) Bioinformatics，https://bi.biopapyrus.jp/ai/machine-learning/svm/r/，（2017 年 10 月 15 日参照）．

(8) Package 'kernlab'，https://cran.r-project.org/web/packages/kernlab/kernlab.pdf，（2017 年 10 月 15 日参照）．

(9) Package 'nnet'，https://cran.r-project.org/web/packages/nnet/nnet.pdf，（2017 年 10 月 15 日参照）．

(10) Package 'randomForest'，https://cran.r-project.org/web/packages/randomForest/randomForest.pdf，（2018 年 5 月 1 日参照）．

(11) Package 'h2o'，https://cran.r-project.org/web/packages/h2o/h2o.pdf，（2017 年 10 月 15 日参照）．

(12) 六本木で働くデータサイエンティストのブログ，H2O の R パッケージ {h2o} でお手軽に Deep Learning を実践してみる（1）：まずは決定境界を描く，http://tjo.hatenablog.com/entry/2014/10/23/230847，（2017 年 10 月 15 日参照）．

索引

◆ 英字
AND 回路 69

DropOut 131

F 検定 10

k 平均法 52

Maxout 関数 131

P- 値 11

Rectified Linear Unit 関数 131

t 検定 10

◆ あ行
あてはめ精度 9

因子型 148

ウェブマイニング 4
ウォード法 51

◆ か行
カーネル法 88
回帰分析 8
階層的クラスタリング 49
ガウシアン・カーネル 89
過学習 88

活性化関数 131

機械学習 62
寄与率 10, 28
近傍ニューロン 112

クラスタ 48
クラスタリング 48
群平均法 51

形式ニューロン 66
決定木 118
決定係数 10
誤差逆伝搬法 68

固有値 28

◆ さ行
最遠隣法 51
最近隣法 50
最短距離法 50
最長距離法 51
サポートベクターマシン 86

識別平面 86
自己組織化マップ 112
重回帰分析 8
自由度調整済決定係数 10
主成分 26
主成分分析 26
出力層 67

勝者ニューロン	112	入力層	67

勝者ニューロン	112
人工知能	62
深層学習	130
数値型	148
正の相関	9
説明変数	5, 8
線形カーネル	88
線形回帰分析	8
線形判別	36
相関係数	9
双曲線関数	131
ソフトマージン	87

◆ た行

第 1 主成分	26
第 2 主成分	26
第 3 主成分	26
多項式カーネル	89
多変量解析	4
ダミー変数	34
単回帰分析	8
中間層	67
ディープニューラルネットワーク	130
データのプロット	42
データマイニング	4
テキストマイニング	4
デンドログラム	49

◆ な行

ナイーブベイズ分類器	102
ニューラルネットワーク	66

入力層	67

◆ は行

パーセプトロン	67
ハードマージン	87
判別分析	34
非線形判別	37
非類似度評価方法	55
ブートストラップ法	118
負の相関	10
ベイズの定理	102

◆ ま行

マージン	86
マルチレイヤーパーセプトロン	68
無相関	10
目的変数	5, 8
文字型	148

◆ や行

有意確率	11
ユークリッド距離	49

◆ ら行

ランダムフォレスト	118
累積寄与率	28
レコメンデーション	4
ロジスティック関数	9
論理型	148

◆ R の関数

abline() 16
as.character() 148
as.factor() 119
as.logical() 148
as.matrix() 114
as.numeric() 148

c() 11
class() 119
cor() 12
cos() 149
crossprod() 158

data.frame() 12
dist() 53

h2o.deeplearning() 133
h2o.importFile() 133
h2o.init() 132
h2o.predict() 133
hclust() 53
help() 152

ifelse() 73

k-means() 56
ksvm() 90

lda() 38
library() 38
lm() 14

matrix() 151
max() 175
min() 175

naiveBayes() 107
nls() 20
nnet() 71
nrow() 79

par() 22
pi 149
plot() 12
prcomp() 30
predict() 16
princomp() 30

qda() 43

randomForest() 119
read.table() 154
rownames() 52

sample() 79
sin() 149
solve() 150
som() 190
somgrid() 114
str() 72
sum() 175
summary() 14

tan() 149

write.csv() 205

〈著者略歴〉

北 栄輔 （きた えいすけ）

1991 年　名古屋大学大学院工学研究科博士後期課程修了、工学博士、同助手
1999 年　名古屋大学情報文化学部助教授
2003 年　名古屋大学大学院情報科学研究科助教授
2007 年　名古屋大学大学院情報科学研究科准教授
2009 年　名古屋大学大学院情報科学研究科教授
2010 年　神戸大学大学院システム情報学研究科客員教授
現　在　名古屋大学大学院情報学研究科教授

〈主な著書〉

『基本から学ぶＣ言語プログラミング』（共著、電気学会　2012/2）
『Excel で学ぶセルオートマトン』（共著、オーム社　2011/11）
『トレフツ法入門』（共著、コロナ社　2000/5）
『計算による線形代数（工系数学講座 2)』（共著、共立出版　1999/2）
『偏微分方程式の数値解法（工系数学講座 11)』（共著、共立出版　1998/3）

- 本書の内容に関する質問は、オーム社ホームページの「サポート」から、「お問合せ」の「書籍に関するお問合せ」をご参照いただくか、または書状にてオーム社編集局宛にお願いします。お受けできる質問は本書で紹介した内容に限らせていただきます。なお、電話での質問にはお答えできませんので、あらかじめご了承ください。
- 万一、落丁・乱丁の場合は、送料当社負担でお取替えいたします。当社販売課宛にお送りください。
- 本書の一部の複写複製を希望される場合は、本書扉裏を参照してください。

JCOPY ＜出版者著作権管理機構 委託出版物＞

Ｒで学ぶデータサイエンス
―データマイニングの基礎から深層学習まで―

2018 年 7 月 25 日　　第 1 版第 1 刷発行
2020 年 4 月 10 日　　第 1 版第 2 刷発行

著　者　北　栄輔
発行者　村上和夫
発行所　株式会社 オーム社
　　　　郵便番号　101-8460
　　　　東京都千代田区神田錦町 3-1
　　　　電話　03 (3233) 0641 (代表)
　　　　URL　https://www.ohmsha.co.jp/

© 北　栄輔 2018

組版　トップスタジオ　印刷・製本　壮光舎印刷
ISBN978-4-274-22254-2　Printed in Japan

関連書籍のご案内

Rで統計 この3冊
Rの操作と統計学の基礎から応用まで学べる！

『R』とは、統計解析のフリーソフトです。データ分析で役立つ数多くの関数が用意されており、基本統計量の算出や検定、グラフを出力する関数などがあります。これらの機能を使うことによって、Excel よりも複雑な多変量解析が簡単に行えるようになります。

＊Rのダウンロードとインストールは、CRANホームページ
　https://cran.r-project.org/ より

Rの操作手順と統計学の基礎が身につく1冊！

マーケティングデータを用いて統計分析力を身につける！

この1冊で実務に対応！統計の基礎から応用まで網羅！！

● 山田 剛史・杉澤 武俊
　村井 潤一郎 共著
● A5判・420頁
● 定価（本体 2,700 円＋税）

● 本橋 永至 著
● A5判・272頁
● 定価（本体 2,600 円＋税）

● 外山 信夫・辻谷 将明 共著
● A5判・384頁
● 定価（本体 3,800 円＋税）

もっと詳しい情報をお届けできます。
◎書店に商品がない場合または直接ご注文の場合は
　右記宛にご連絡ください。

ホームページ　http://www.ohmsha.co.jp/
TEL／FAX　TEL.03-3233-0643　FAX.03-3233-3440

（定価は変更される場合があります）

F-1511-185